남과 북이
전쟁을
벌인다면
누가
이길까

남과 북이 전쟁을 벌인다면 누가 이길까

초판 1쇄 발행 | 2025년 12월 31일
초판 2쇄 발행 | 2026년 1월 5일

지은이 | 이현호
펴낸이 | 박영욱
펴낸곳 | 북오션

주 소 | 서울시 마포구 월드컵로 14길 62 북오션빌딩
이메일 | bookocean@naver.com
네이버블로그 | blog.naver.com/bookocean_rabbit
페이스북 | facebook.com/bookocean.book
인스타그램1 | instagram.com/bookocean777
인스타그램2 | instagram.com/supr_lady_2008
X | x.com/b00k_0cean
틱톡 | www.tiktok.com/@book_ocean17
유튜브 | 쏠쏠TV·쏠쏠라이프TV
전 화 | 편집문의: 02-325-9172 영업문의: 02-322-6709
팩 스 | 02-3143-3964

출판신고번호 | 제 2007-000197호

ISBN 978-89-6799-918-6 (03390)

*이 책은 (주)북오션이 저작권자와의 계약에 따라 발행한 것이므로 내용의 일부 또는 전부를
 이용하려면 반드시 북오션의 서면 동의를 받아야 합니다.
*책값은 뒤표지에 있습니다.
*잘못 만들어진 책은 구입하신 서점에서 교환해 드립니다.

◎ 이 책은 관훈클럽정신영기금의 도움을 받아 저술(번역) 출판되었습니다.

총알 트리거에서

전쟁 시나리오까지

남과 북이 전쟁을 벌인다면

이현호 지음

누가 이길까

북오션

머리말

 북한이 가장 껄끄러워한 한국 군인으로 알려진 김관진 전 국방부장관은 2013년 국정감사에서 "북한과 1대 1로 싸우면 이길 수 있느냐"는 한 국회의원의 질문에 "(우리나라와) 전쟁을 하면 결국 북한은 멸망하게 돼 있다"라며 미소를 띠며 대답해 큰 화제를 모았다.
 그가 이 같은 발언을 한 이유가 있다. 앞서 열린 국정감사에서 당시 국방부 정보본부장이 '남한과 북한이 전쟁하면 누가 이기느냐'는 물음에 "우리가 진다"라고 답을 했기 때문이다. 그래서 김 전 장관에게 참군인다운 대답이었다는 평가가 쏟아졌다.
 "군인은 전쟁을 억제할 의무와 책임이 따르며, 불행히 전쟁이 일어난다면 적을 격멸하는 것이 임무다." 한 예비역 장성 출신이 30년이 넘는 군 생활 동안 지키려고 했던 신조였다며 귀띔해준 얘기다. 전쟁이 나면 군인은 적과 싸워 이길 생각을 해야 하고, 반드시 이긴다는 자신감을 가져야 한다는 의미다.
 대부분의 군사전문가는 남한과 북한이 다시 전쟁을 벌이면 객관적 전력상 미국의 지원에 힘입어 남한이 앞선다고 내다보고 있다. 그렇지만 꼭 낙관적으로만 볼 수 있는 건 아니다. 예컨대 10년 넘게 이어진 베트남 전쟁 때 월맹군(북베트남)은 슬리퍼 끌고 다닐 정도로 세계 최고의 거지 군대라는 평가를 받았지만 엄청난 투지와 끈질긴 게릴라전술을 통해 미군의 지원을 받았던 월남군(남베트남)을 격파했다. 아무리

월등한 유형전력이 있더라도 군 사기와 내부결속 등의 무형전력에서 월남이 월맹에 뒤졌기 때문에 베트남의 적화통일이라는 최악의 결과가 나왔다.

만약 지금 전쟁이 발생한다고 했을 때 치명적인 내부분열이 일어날 가능성이 있는 쪽은 어디일까. 체제가 불안정한 북한이 무너지리라 추정할 수도 있지만 유일 영도자 아래에서 전체 주민들이 단합하는 북한이 아닌 남한이 내부분열로 무너질 위험이 더 높지는 않을까. 진보와 보수, 좌파와 우파, 야당과 여당 등등 온갖 이념으로 점철돼 진영논리로 갈라져 싸우는 현재 대한민국 사회가 과연 전쟁이 났을 때 단결해 적을 상대로 승리할 수 있는 능력이 있을지 의구심이 든다.

남한과 북한이 전쟁이 일어날 가능성은 과연 얼마나 될까. 블룸버그 그룹의 글로벌 경제분석기관인 블룸버그 이코노믹스는 다양한 변수를 복합적으로 반영할 수 있는 집합 모델 분석을 활용해 전면전이 발발한다면 수백만 명이 사망하고 경제적 피해도 4조 달러(약 5,527조 원)가 넘을 것으로 추산했다. 전쟁 첫해에만 글로벌 국내총생산(GDP)이 3.9% 감소하고, 반도체를 비롯한 주요 공급망에도 큰 차질이 생겨 전 세계가 경기침체에 빠질 것으로 전망됐다. 이 피해 규모는 우크라이나 전쟁에 따른 피해의 2배가 넘는 수준이다.

그러나 블룸버그 이코노믹스는 가능성이 제로(0)는 아니더라도 한반도에서 전쟁이 발발할 가능성은 매우 낮다고 분석했다. 특히 한반도 전쟁의 모든 시나리오는 김정은 북한 국무위원장이 사망하고 북한이 폐허가 돼 끝나는 것으로 예측됐다. 3세 세습되고 있는 김씨 일가가 권력을 포기하지 않는 한 북한이 한반도에서 전쟁 도발이라는 선택을 못 할 것이라는 분석이다.

 분명한 것은 한반도는 전쟁과 평화의 갈림길에 서 있다. 한미일 3국 간 군사적 동맹이 굳건해지고 연합 공중·해상 훈련이 많아지자 북한이 이에 대해 민감하게 반응하는 탓에 한반도의 군사적 긴장감은 급속히 고조되고 있는 실정이다.

 당장 북한과 러시아의 밀월관계가 긴밀해지면서 북한이 전쟁 중인 러시아에 포탄, 노동력에 이어 용병까지 제공해 한반도는 냉전 시대에도 경험하지 못한 군사적 변화의 기류가 꿈틀거리기 시작했다. 북러 간 군사 분야 협력은 한반도의 군사 질서를 바꿀 수 있기 때문이다. 북러 관계가 유사시 군사적 지원이라는 '혈맹'으로 묶이면서 한반도가 실질적인 신냉전 국면으로 전환되고 있다는 평가도 나온다.

 6·25 정전협정 체결 72년이 되는 2025년 현재 한반도의 안보가 다시 한 번 시험대에 섰다. 정전은 말 그대로 전쟁 상태 중지로 완전한 평화체제다. 따라서 신냉전으로 요동치는 국제질서 재편 속에서 북한이 무력시위의 강도를 높이며 한미 동맹과 우리의 우방국들을 향해 선제 핵 공격 위협을 공공연히 입에 담는 상황에 이르렀다.

 대북 전문가들은 김정은 정권이 북한의 역대 어느 정권보다 호전적이고 위험한 정권이라고 평가하고 있다. 한미 동맹과 우방국들이 '종전 선언' '평화협정'과 같은 발언으로 유혹하는 북한의 기만 전술에 흔들리지 말고 김정은 정권이 감히 무력 도발에 대한 엄두를 내지 못할 정도로 강력한 대북 억제력 구축과 동맹 강화, 역내 안보 협력 체계 확충을 추진해야 한다고 진단하고 있다.

 안중근 의사가 옥중에 쓴 〈동양평화론〉은 침략과 전쟁을 억제하는 것을 평화의 출발점으로 삼고 있다. 북한의 지휘부가 꾸준하게 추진한 핵무장 능력만 믿고 오판하지 않도록 북핵에 대한 확장억제를 더욱 강화해야 하는 까닭이다.

이 책을 통해 현재 남북 관계의 현주소, 한반도 군사적 긴장도는 어떤지 따져보고자 했다. 이에 정말로 남한과 북한이 전쟁을 벌인다면 한반도 전쟁 시나리오, 한반도 전쟁 발발 가능성, 한반도 전쟁 좌우 변수들, 한반도 전쟁 대비 우리 군의 핵심 무기체계, 한국군 실상과 이모저모 등은 무엇인지 꼼꼼히 살펴봤다.

이를 통해 한반도의 군사적 위기감이 얼마나 고조되고 있는지 인식하고 한반도 평화 체계 유지에 대한 중요성을 되새기는 계기가 되길 바란다. 무엇보다 한반도에서 다시 전쟁이 일어나면 두 번째 전후의 세상은 존재하지 않을 수도 있다는 점에서 현재 한반도에 엄습해오고 있는 전쟁 우려에 대해 이제는 차원이 다른 경각심을 가질 때임을 알리고 싶다.

부족한 점이 많은 제가 이 책을 쓰는 과정에서 아낌없는 조언과 용기를 북돋워주시고, 각종 자료 수집에 도움을 보태주신 국방부 관계자와 군사전문가, 국방부 출입기자단 선후배들께 감사의 인사를 드린다. 아울러 앞으로 국방 분야와 관련해 더욱 다양한 지식 습득과 열정적 취재를 통해 촘촘히 내공을 쌓아나가 국방 분야의 전문가로 우뚝 서서 한반도 평화 구축에 이바지할 수 있는 발걸음도 한 발 한 발 내딛도록 할 것이다.

2025년 11월
이현호

차례

머리말 ··· 4

1장 한반도 전쟁 시나리오

1. 6·25전쟁이 '남침'인 이유 ··· 14
2. 한반도는 휴전 상태일 뿐 ··· 18
3. 한반도에서 전쟁이 나면 승자는 ··· 22
4. 전시작전권의 현주소 ··· 27
5. 한반도 전쟁, 주변국 개입 시나리오 ··· 32
6. 북한은 어떻게 공격할까 ··· 36
7. 전쟁 승패를 좌우할 최대 변수 ··· 40
8. 한반도 전쟁이 핵전쟁이 될 가능성 ··· 44
9. 단기전인가 장기전인가 ··· 49
10. 전쟁 발발 시 국민행동요령 ··· 53

2장 한반도 전쟁 발발 가능성은

1. 한반도 전쟁이 발발할 가능성 ··· 60
2. 북한이 지속적으로 도발하는 이유 ··· 63
3. 북러 조약과 한반도 도발의 연관성 ··· 67
4. 전쟁 발발 시 세계 경제에 미치는 영향 ··· 71
5. 한반도에서 전쟁이 발발한다면 신속한 해법은 ··· 75
6. 전쟁 발발을 차단하기 위한 선결 과제 ··· 79
7. 전쟁은 김정은의 오판으로 시작된다 ··· 83
8. 한반도 전쟁에 투입될 미국 전략무기 ··· 87
9. 북한 전쟁 도발의 핵심은 20만 명 특수부대 ··· 92
10. 북한군 A부터 Z까지 ··· 97

3장 한반도 전쟁 좌우 변수들

1. 한미 극비 전시지휘소 ··· **106**
2. 김정은 참수작전 시나리오 ··· **111**
3. 세계 군사력 순위에선 누가 위일까 ··· **116**
4. 비대칭전력의 핵심, 핵추진잠수함 ··· **122**
5. 떠다니는 기지, 항공모함 ··· **128**
6. 한국형 경항모 vs 핵잠수함 ··· **132**
7. 북한 초대형 방사포 vs 국군 천무 ··· **137**
8. 김정은의 비밀무기, 1만 2천 명 해커부대 ··· **142**
9. 김정은이 가장 탐내는 다섯 가지 전략 무기 ··· **147**
10. 북한을 손바닥처럼 들여다보는 425사업 ··· **151**
11. 핵보다 무서운 전략무기, 대북 확성기 ··· **156**
12. 대체불가 전력, 대한민국 특수전 부대 ··· **161**
13. 서울 상공에서 핵폭발이 일어난다면 ··· **167**

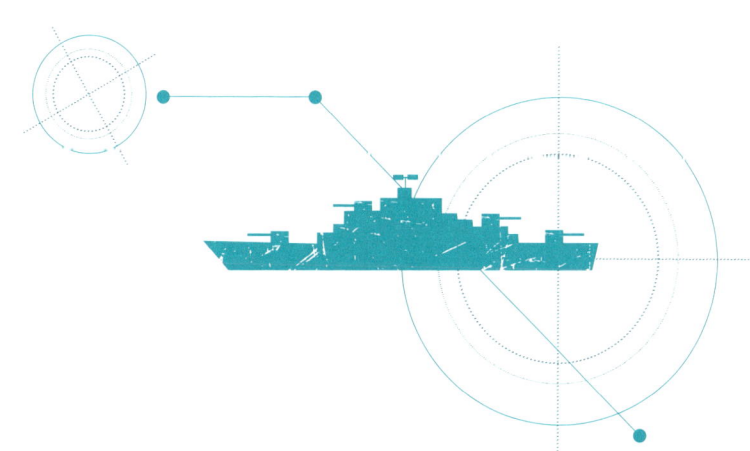

한반도 전쟁 대비 핵심 무기체계는

1. 한국형 3축체계의 핵심, 현무미사일 … 174
2. 표적지를 탐지해 영상을 실시간 전송하는 관측포탄 … 179
3. 한국형 전술지대지-Ⅱ로 압록강까지 타격한다 … 184
4. 대북 감시체계 킬체인의 눈, 군 정찰기 … 189
5. 은밀히 날아가 타격하는 킬러 드론 … 194
6. 막강한 위력을 자랑하는 꿈의 무기, 레일건 … 199
7. 북 신형 전차 vs K2 흑표 … 204
8. 국군 최초 초음속 전투기, TA-50 … 210
9. 국군 공격헬기 삼총사 … 215
10. 한국형 미사일 방어체계의 다층 방어 전략 … 220
11. 해군의 유도무기, 해궁·해성·해룡 … 225

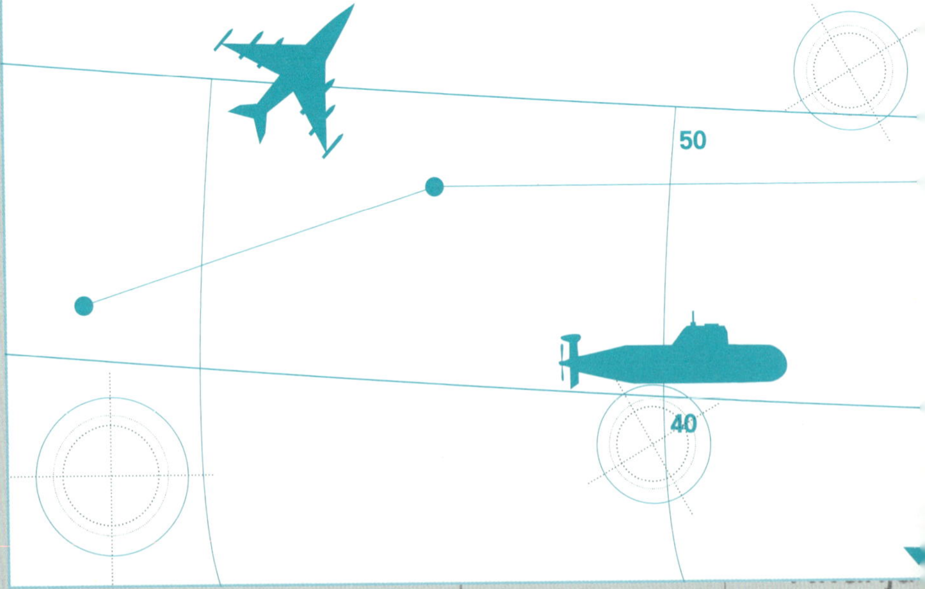

5장 한국군 실상과 이모저모

1. 부족한 병력, 그 해결책은 ··· **232**
2. 정예 군 장교 1명을 양성하는 비용 ··· **238**
3. 2030년에는 '다문화 군'으로 변한다 ··· **242**
4. 별 중의 별 대장, 그들은 누구인가 ··· **247**
5. 부사관 최고 계급, 준위의 군 서열 ··· **252**
6. 꼬리 달린 국군, 군견의 세계 ··· **258**
7. DMZ·GP·GOP·MDL 알아보기 ··· **263**
8. 세계 최고 수준 지뢰밭 국가 ··· **268**
9. 명령 불복종과 즉결처형 ··· **272**
10. 육·해·공군, 실사격 사격훈련장 ··· **276**
11. 준비된 예비군, 상비전력과 함께 정예화 ··· **281**

맺음말 ··· **286**

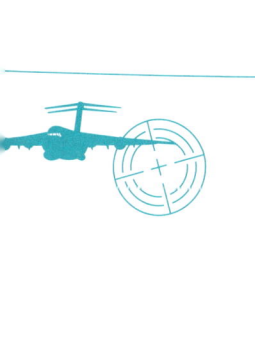
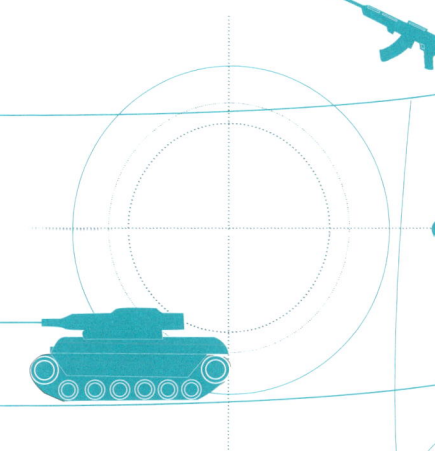

1장

한반도 전쟁 시나리오

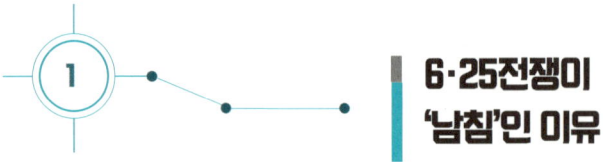

1 6·25전쟁이 '남침'인 이유

 6·25 전쟁이 발발했을 때 북한의 전면 남침 시각은 몇 시가 맞을까. 북한군이 1950년 6월 25일 일요일 새벽 5시에 암호명 '폭풍 224'라는 사전 계획에 따라 북위 38도선 전역에 걸쳐 대한민국을 선전포고 없이 기습 남침해 발발한 전쟁이라는 게 일반적인 정설이다.
 북한의 공격개시 시간이 '6월 25일 5시'라는 객관적 근거는 여러 군데서 발견됐다. 포로를 통해 획득한 기밀문서들 속에서 공격시간은 '5시'라고 기록한 메모 수첩으로 연대장으로부터 구두 명령을 받고 받아쓴 대대장·중대장의 수첩이 있었다. 적 2사단의 경우 공격 개시 시간을 05:00로 기록했고, 적 6사단의 경우 05:30으로 기록했다.
 또 전투유공자 표창을 올리는 문서 등에 5시로 돼 있다는 것도 발견됐다. 적 2사단 자주포대대 3중대 1소대장 박영희의 공적서는 "1950년 6월 25일 5시부터 상부의 명령에 따라 38도선 전투에서 성과는…(이하 생략)"으로 시작된다는 공적서도 있다.

일부에서는 북한의 남침 시각을 6월 25일 새벽 4시로 알고 있다. 그렇다고 새벽 4시란 근거는 어디에도 없다. 그러나 6·25전쟁의 남침 시각이 새벽 4시냐 또는 5시냐 하는 문제는 매우 중요하다. 여기에 북한의 계략이 숨어 있기 때문이다.

일단 논란의 여지가 없는 대목에 주목할 필요가 있다. 북한은 서쪽 옹진반도부터 공격을 시작했고 개성, 동두천, 포천, 춘천, 주문진으로 공격이 확대됐다는 점이다. 38선 전역에 걸쳐 30분 동안 먼저 포사격을 한 다음 공격해 들어왔다.

더욱 확실하고 명확한 근거도 있다. 당시 KBS 라디오는 북한의 남침 소식을 알리는 첫 방송(7시 뉴스)을 통해 "6월 25일 새벽 5시"라고 발표했다. 12시 뉴스에선 "아침 5시부터 8시 사이에 남침해왔다"고 후속 보도했다. 이는 육군본부 상황실의 통보를 받고 국방부 정훈국이 직접 보도 문안을 작성한 뉴스다. 이렇게 볼 때 남침 시각은 4시가 아니라 5시로 보는 것이 옳을 것이다.

북한 남침 시작 근거는 옹진반도에 대한 북한의 공격에서 비롯한다. 이 지역은 평소에도 가끔 교전이 있었던 곳이다. 24일 밤에도 2~3시쯤 작은 포격이 있었다. 그런데 새벽 4시가 되자 북한은 30여 분 동안 엄청난 양의 화력을 집중적으로 퍼부었다. 전쟁의 서막을 알리는 신호탄과 같았다. 하지만 다른 지역에서는 아직 조용했다. 그러다 새벽 5시가 되자 38선 전역에서 포사격이 이뤄졌고 30분쯤이 지나 북한군은 일제히 38선 전 지역을 넘어 남으로 공격해 들어왔다. 전면전이 시작된 것이다.

이처럼 당시에 옹진반도가 유달리 다른 지역보다 한 시간 먼저 공격이 이뤄졌다. 이 점(남침 시각)에 대해 주시할 필요가 있다. 북한이 주장하는 남한이 먼저 공격했다는 북침론, 즉 남침유도설과 관련이 있기 때문이다. 옹진에서 17연대가 해주로 북침하도록 미끼를 던지기 위해 한 시간 전에 공격을 시작했다는 것이다. 17연대가 공격해오면 이를 빌미로 38선 전역에서 총반격을 개시한다는 시나리오 설정이다.

결국 북한의 계획은 실패했다. 옹진반도는 국군 제17독립연대가 방어하고 있다. 17연대는 초전에 와해돼 사상자 추스르기에도 급급했다. 결국 2,719명 중 750명의 사상자를 내고 25일 저녁 육군본부로부터 철수 명령을 받았다. 17연대는 해군 수송선 LST를 타고 26일 아침 인천으로 철수하기에 급급했다. 17연대가 해주를 공격하지 않아 북한의 시나리오는 처음부터 불발된 셈이다.

그럼에도 김일성은 측근에게도 남침 사실을 은폐하고자 6월 25일 새벽 3시에 비상내각 회의를 소집했다. 김일성은 그 자리에서 "동지들, 매국 역적 이승만 군대가 38선을 넘어 공화국에 1~2㎞를 무력침공해왔습니다. 나는 최고사령관으로서 인민군대에게 반격명령을 내렸습니다. 승인하는 결정을 채택하여야 합니다"라고 제안했고, 안건은 만장일치로 채택됐다. 그 후 새벽 4시에 옹진반도에 대한 포격을 감행한 것이다. 각료들까지 속인 참으로 기막힌 계략과 연출이다.

물론 옹진반도의 북침 유도 작전이 실패했지만 이에 아랑곳하지 않고 북한은 남침을 본격화했다. 남침 루트는 옹진반도 외에 세 방향이다. 제1 접근로는 서부전선 개성~문산~의정부를 거쳐 서울로 진입하는 코스다. 제2 접근로는 중부전선 철원~포천을 거쳐 의정부로 들어오는 방향이고, 제3 접근로는 춘천~가평을 거쳐 경기도 이천으로 돌아 서울로 들어오는 코스다.

이렇게 볼 때 전면 남침 시각은 4시가 아니라 5시로 보는 것이 옳다. 그리고 6·25전쟁은 분명히 북에서 남으로 쳐내려온 남침전쟁이다. 그런데 여전히 북한은 남쪽에서 '북침'했다고 계속 허위 선전을 해오고 있다. 해외에서는 남한이 먼저 공격을 가해와 북에서 반격할 수밖에 없었다는 '남침유도설'을 주장한다.

이 같은 주장을 가장 잘 받아들인 사람이 바로 친북 교수로 잘 알려진 미국 시카고대학 역사학과의 명예교수 브루스 커밍스 교수다. 그는 1981년 북침설로 정리해 《한국전쟁의 기원》을 발간하기도 했다. 이 책은 한국 좌파 운동권 학생들의 필독서다.

북한은 남침 사실을 부인하고 은폐하려고 하지만, 공식 정부 문서로 남아 있는 명명백백한 증거가 많다. 총사령부가 사단에 내린 정찰 명령 1호(1950.6.18.)와 전투명령 1호(1950.6.22.)가 있다. 소련 기밀문서가 공개되면서 김일성의 남침 사실이 밝혀졌고, 1992년 옐친 러시아 대통령이 한국을 방문한 이후 러시아 교과서는 "6·25전쟁은 북한에 의한 남침"이라고 명시하기도 했다.

2 한반도는 휴전 상태일 뿐

 1950년 6월 25일 일요일 새벽 4시에 북한군이 암호명 '폭풍 224'라는 사전 계획을 세워 북위 38도선 전역에 걸쳐 선전포고 없이 기습 남침했다. 6·25 전쟁의 시작이다. 원래 명칭은 한국전쟁으로 북한군이 불법 남침으로 벌어진 한반도 전쟁이다.
 남한군은 북한군에 비해 병력과 장비에서 열세였기 때문에 낙동강 부근까지 후퇴하는 절체절명의 순간에 처했다. 유엔(UN)은 전쟁이 일어나자마자 안전보장이사회를 소집해 북한군에게 38도선 이북으로 철수를 요구하는 결의안을 채택했지만 북한은 이를 무시했다. 결국 유엔 안보리는 북한군의 침략을 격퇴시키기 위해 남한에 모든 지원을 하겠다는 '6·26 결의안'을 통과시켰다.
 6·25 전쟁은 역사상 가장 많은 국가가 단 하나의 국가를 위해 지원한 전쟁이다. 유엔이 한 국가를 위해 정규군을 모아서 싸운 유일한 사례이기도 하다. 참전한 나라는 전투참전국 16개국, 의료지원국 6개국 등 총 22개국이다. 멕시코와 아일랜드, 이스라엘, 파나마, 수리남 등의 국가에서도 젊은이들이 비공식적으로 참전해 한반도를 지켰다. 물자나 재정만

지원한 곳도 39개국에 달한다.

치열하게 지속되던 전쟁에서 수많은 목숨들이 쓰러졌다. 피의 능선 고지 전투와 단장의 능선 고지 전투, 펀치볼 전투, 고양대 전투, 백마고지 전투, 저격능선 전투, 금성 전투 등에서 수많은 인명 손실이 발생했다. 중요한 고지를 두고 하루에도 몇 차례씩 주인이 바뀌는 혈전이 벌어졌다. 한국인만 100만 명이 넘는 사상자가 나왔다.

1953년 7월 27일 판문점에서 클라크 유엔군 총사령관과 펑더화이 중공인민지원군 사령원, 김일성 북한군 최고사령관이 휴전조인문에 서명함으로써 정전협정이 체결됐고 3년 1개월 2일, 총 1,129일간 길고 길었던 전투가 멈추게 됐다. 휴전조인문은 영어와 중국어, 한국어로 작성됐다.

국제법상 평시에 조약을 체결할 때는 당사국 의회 등의 비준이 필요하지만 전시에는 군사령관의 서명만으로 비준이 완료된 것으로 본다.

휴전조인문의 정식 명칭은 '한국 군사 정전에 관한 협정(Korean

Armistice Agreement)'이다. 국제연합군 총사령관을 일방으로 하고 조선인민군 최고사령관 및 중국인민지원군 사령원을 다른 일방으로 하는 한국 군사 정전에 관한 협정이다. 주목해야 할 점은 이 협정이 한반도에서의 전쟁 행위를 멈추게 한 휴전협정(armistice)으로 정전협정(ceasefire)이 아니라는 점이다.

물론 당시 체결한 협정서 명칭이 제각각이라 현재 한반도가 정전인지 휴전인지 해석에 혼란을 초래하고 있다. 영문 협정서 원본에는 'armistice(휴전)'로 기재하고 있는데, 중문 협정서 원본에는 '停戰(정전·ceasefire)', 북한이 서명한 한국어 협정서 원본에는 '정전'이라 기록돼 있다. 그렇지만 남한 측 협정문 번역본은 이를 다시 '휴전(armistice·休戰)'이라고 기재했다.

대한민국 정부가 북진 통일 등을 위해 '국제법상 전쟁이 완전히 끝나지 않았다'는 것을 강조하기 위해 의도적으로 '휴전'이라는 용어를 썼다는 게 전문가들의 대체적인 의견이다.

개념상 정전은 휴전의 전제로서 짧은 기간의 적대 행위 중단을 의미한다. 반면에 휴전은 국제법상 전쟁 상태로 전쟁 원인의 해결에 합의하지 않았지만 전쟁을 잠시 중단한 상태다.

휴전회담이 진행될 때 남한 정부를 비롯해 대다수 남측 국민들은 반대 의사를 적극적으로 내비쳤다. 북진통일 국민 총궐기대회를 열어 한국전쟁에 대한 일반적인 정전협정 체결이 아닌 북진 통일을 통해 정전을 이뤄내야 한다고 주장했다. 안타깝게도 남한 정부는 1950년 7월 이승만 대통령이 미 육군 더글러스 맥아더 원수에게 전시작전권을 이양한 탓에 독자적인 군사적 행동을 할 수 없었고 이러한 상황 속에서 전쟁이 고착화되면서 어쩔 수 없이 1953년 정전협정 체결을 받아들여야 했다.

따라서 한국 군사 정전에 관한 협정은 국제법상 전쟁 상태다. 당사국 간 협상으로 전체 전선에서 휴전으로 전투행위를 멈췄지만 전쟁은 지속되는 상황으로 볼 수 있다. 대한민국의 정전 상태가 전시, 준전시, 평시 상태 중 어디에 해당하는지를 정확하게 규정하는 정부 문서는 없다. 이런 까닭에 정부 부처에서도 정전협정과 휴전협정을 혼용해서 사용하고 있는 실정이다.

우리 군은 전시와 준전시, 평시 상태로 나눠 대북 대비태세를 유지하고 있다. 70년이 넘는 휴전 상태에서 1999년 제1연평해전, 2002년 제2연평해전, 2010년 천안함 피격사건과 같은 해 북한의 연평도 포격 등 북한의 무력 도발이 있었지만 6·25전쟁 같은 전면전이 벌어지지는 않고 있다.

정전과 휴전의 개념상 차이는 분명히 있지만 현재 대한민국의 상황이 정전인지 휴전인지 분석해서 정확한 용어를 사용하는 것은 무의미한 게 현실이다.

최근 몇 년 사이 북한의 핵·미사일 위협 수위가 갈수록 높아지고 있지만 한미 군당국은 북한이 오판해 무모한 도발을 하지 않도록 연합방위태세를 굳건하게 구축해 전 세계적으로 유일하게 70년이 넘게 휴전 상태를 이어오고 있다.

3 한반도에서 전쟁이 나면 승자는

　북한의 무도한 도발이 전면전 징후라고 판단되면 한미연합군사령부 사령관은 작전지휘권을 갖고 'H아워'(H-hour·전쟁 개시 시점)를 선언한다. 군의 작전은 평시에서 전시 대비로 전환되고, 곧바로 한미연합군사령부 예하 공군구성군사령부 지시로 'F아워'(F-hour·공군기 탄약이 목표를 타격하는 시간)를 발령해, 국민과 아군 전력의 피해를 최소화하고 전쟁을 빠른 시일 내에 끝내기 위해 북한군 지휘부와 주요 부대에 대한 선제 타격을 시작하며 전면전에 들어간다.

　유사시에 한미 군당국의 대북 대비태세 절차로 북한의 위협에 군사대응을 강화하기 위한 한미 간 확장억제 프로세스는 상당히 촘촘하게 구축돼 있다. 매년 유사시 한반도 방어를 위한 한미 연합군사훈련인 을지 자유의 방패(UFS·을지 프리덤 실드) 연습을 실시하는 것은 이 같은 연장선상이다. 그렇다면 만약을 가정해 한반도에서 남북 간 전쟁이 다시 발발한다면 우리 국군의 군사력은 북한 조선인민군의 도발을 충분히 제압할 수 있을까.

　북한의 기습 남침으로 동족상잔의 비극이 벌어진 6·25전쟁 때는 침공

3일 만에 서울이 점령됐고 한 달 만에 낙동강 전선만 남기고 모두 적화되는 풍전등화의 위기 속에 빠졌다. 당시 남북의 군사력 수준은 초등학생과 대학생의 싸움이라고 할 만큼 극명한 차이가 있었기 때문이다. 개전 당시 북한군 기갑전력은 소련제 다목적 경자주포 SU-76M 150대, BA-64B 장갑차 54대 등을 보유해 아시아 최강이었다. 북한 병력은 소련군을 통해 사단급 훈련까지 끝낸 막강 전력을 자랑했다. 규모도 남한의 2배인 약 18만 명에 달했다.

일제강점기에서 벗어난 지 얼마 안 된 남한은 러시아의 지원을 받은 북한과 비교하면 군사력이 형편없는 상황이었다. 한국군은 탱크·자주포, 전투기·폭격기·공격기가 한 대도 없었다. 국민성금을 모아 미국서 도입한 전함인 PC-701 백두산함 1척뿐일 정도로 세계에서 가장 허약한 군대였다. 병력은 8개 사단 약 9만 명에 불과했고 훈련 한번 제대로 하지 못한 상태로, 아시아 최약체 군사력이라 해도 과언이 아니었다.

전쟁이 벌어지면 가장 중요한 제공권도 북한이 장악했다. 한국은 이름뿐인 공군이었다. 보유 항공기 16대 중 연락기가 13대, T-6 훈련기가 3대에 불과했다. 숙련된 조종사 또한 39명에 그쳤다. 반면 북한군은 소련제 전투기 약 132대, 수송기 약 30대를 보유했다. 한국전쟁 발발 초기부터 공군 전력이 현저히 밀리면서 북한이 빠른 속도로 남한 지역을 점령한 이유다.

그러나 정전 72년을 맞는 2025년, 한국군의 군사력은 180도 달라졌다. 세계 최강 전력의 K2 흑표전차, K9 자주포, FA-50 전투기를 수출하며 세계 방산 수출 9위로 올라설 만큼 군사 강국으로 도약했다.

국방부에서 발간한 〈2022 국방백서〉를 살펴보면 남북 군사력을 구체적 수치로 비교할 수 있다. 백서에 따르면 양측 군사력은 상비병력에서 크게 차이가 난다. 북한군 상비병력은 국군보다 2.56배 많아 단순히 전력 규모만 보면 북한이 양적으로 우세하다. 그러나 국군이 지속적으로 첨단무기를 도입하면서 질적으로는 남측이 훨씬 앞섰다는 평가가 많다.

북한군 상비병력은 128만여 명으로 2018·2020년 백서 대비 같은 규모다. 국군은 50만여 명으로 2년 전의 65만 5,000여 명에서 15만 5,000명가량 감소했다. 군별로 남북의 육군은 각각 36만 5,000여 명과 110만여 명, 해군은 7만여 명(해병대 포함)과 6만여 명, 공군은 6만 5,000여 명과 11만여 명으로 나타났다.

보유 전차는 남한이 2,200여 대로 북한 4,300여 대의 절반 수준이다. 야포는 남한 5,600여 문, 북한 8,800여 문이다. 다연장·방사포의 경우 남한 310여 문과 북한 5,500여 문으로 차이가 컸다. 지대지 유도무기의 발사대는 남북이 각각 60여 기와 100여 기를 운영 중이다. 지상 무기 가운데 그나마 장갑차만 남한 3,100여 대, 북한 2,600여 대로 남한이 다소 많았다.

해군 전력은 북한이 모든 분야에서 숫자로 우위에 있다. 전투함정(남 90여 척·북 420여 척), 상륙함정(남 10여 척·북 250여 척), 기뢰전함정(남 10여 척·북 20여 척), 지원함정(남 20여 척·북 40여 척), 잠수함정(남 10여 척·북 70여 척) 등을 보유했다.

다만 북한군 함정은 대부분 연안작전용이고 선체 연령이 수명주기를 초과한 것이 상당수여서 계속적으로 도태해 전력적으로 최신의 이지스함과 호위함 등을 도입하고 있는 우리 해군에 비해 뒤처져 있다고 할 수 있다.

공중 전력은 양측이 다소 갈린다. 북한은 전투임무기(남 410여 대·북 810여 대)와 공중기동기(남 50여 대, 북 350여 대)에서 앞선다. 남한은 감시통제기(남 70여 대·북 30여 대), 훈련기(남 190여 대·북 80여 대), 헬기(남 700여 대·북 290여 대)에서 수적으로 우세했다. 북한의 전투임무기는 남측의 약 2배로 압도적이지만, 노후화와 연료 부족에 따른 훈련 부실이 심각한 실정이다. 그러나 남한 공군은 5세대 F-35A 스텔스 전투기를 비롯해 F-15K, KF-16 전투기와 함께 E-737 항공통제기, KC-330 다목적 공중급유 수송기 등으로 무장해 북한이 인지조차 하기 전에 선제 타격할 수 있는 능력을 갖춰 제공권이 앞섰다는 평가를 받는다.

이처럼 남북한의 재래식 전력만 놓고 보면 정전 이후 70년이 넘어 역전됐다고 할 수 있다. 객관적 지표로 미국 군사력 평가기관인 '글로벌파이어파워'(GFP)가 지난 2023년 6월 초에 발표한 '2023년 세계 군사력 지수'에서도 확인할 수 있다. 한국은 세계 6위다. 세계 최강 미국(1위), 러시아(2위), 중국(3위), 인도(4위), 영국(5위) 등 사실상 핵보유국을 제외하면 남한은 세계 최고 수준의 군사 강국으로 꼽혀도 손색이 없는 군사력을 갖췄다. 주요 7개국(G7) 중 독일(25위), 캐나다(27위)보다 상위를 차지할 정도다.

반면 북한은 경제난에 국방예산이 줄고 무리한 핵 개발에 치중하면서 재래식 군사력이 크게 약화됐다. 올해는 GFP 순위가 34위로 2020년 25위에서 9계단 떨어졌다. 하지만 북한이 재래식 무기와 경제력 열세를 비대칭 전력인 핵무기와 미사일 전력 강화로 맞서려는 점에서 핵 전략 확보에 제한이 있는 우리 입장에서도 핵 능력 등 북한 비대칭 전력의 지속적 강화는 우려스러운 부분이다. 백서에 따르면 북한은 플루토늄 보유량이 70여 kg으로, 2년 전 50kg보다 20kg 늘어났다. 그만큼 더 많은 핵탄두를 만들 수 있다는 의미다.

한반도선진화재단이 발간한 《종합국력:국가전략기획을 위한 기초자료》를 근거로 분석한 '한선 종합국력지수 측정 모형(한선모형)'을 적용할 경우, 핵을 제외한 남북한 재래식 무기 군사력 비율은 100 대 97이다. 그렇지만 북한이 기습공격 및 비대칭 전력인 핵무기 및 생화학 무기 보유 등을 포함할 경우 남북한 군사력 지수는 1 대 1.6으로 역전된다. 북한은 100점 만점에 89.0점으로 세계 6위로 올라서고 거꾸로 비핵화 상태로 재래식 무기만 보유한 한국의 군사력 순위는 세계 10위로 떨어진다. 북한이 한국을 앞서는 것이다.

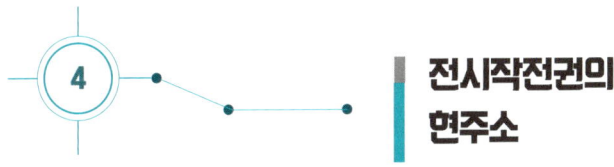

4 전시작전권의 현주소

 한반도가 남북 분단이라는 특별한 상황에 처하면서 우리 군의 작전통제권(Operational Control)은 전시와 평시 권한이 한미연합군사령부와 한국군으로 각각 구분돼 행사된다. 국군의 작전통제권은 1950년 6·25전쟁 당시 이승만 대통령이 유엔군사령관에게 이양했고, 1978년 한미연합군사령부(이하 연합사)가 창설되면서 한미연합군사령관에게 넘어갔다.

 그러다 1994년 12월 1일 정전(停戰) 시 작전통제권이 한국군으로 전환돼 한국 합참의장이 정전 시 작전통제권을 행사하고 있다. 하지만 온전한 작전통제권 이양이 아니었다. 현재의 한미 연합방위체제하에서 평시 작전통제권은 한국군 합참의장이, 전시 작전통제권은 한미연합군사령관이 각각 행사하고 있다.

 군의 작전통제권은 특정한 작전을 수행하기 위해 제한된 시간과 공간에서 부대를 지휘할 수 있는 권한이다.

 전시 작전통제권(Wartime Operational Control)은 전시에 연합사령관이 한미안보협의회의(SCM) 및 한미군사위원회회의(MCM)를 통해 한미 양국 대통령의 지시를 받아 지정된 부대를 지휘하는 제한된 권한이다.

줄여서 '전작권'이라고 한다. 따라서 만약 북한이 전면전에 나선다면 한국군이 아닌 한미연합사령관이 우리 군을 지휘하게 된다.

이런 이유로 일각에서는 군에 대한 전시작전권 전환이 필요하다는 주장이 지속적으로 나오며, 실제 한미 군 당국 간 협의도 계속해왔다.

전시작전권 전환은 한미 정상이 2006년 9월 정상회담에서 전작권 전환 기본원칙과 이행지침 등을 합의하면서 물꼬를 트기 시작했다. 2007년 2월 한미 국방장관은 전작권 전환을 2012년 4월 17일에 전환하기로 합의했다. 같은 해 6월 전작권 전환을 체계적으로 추진하기 위한 이행계획인 '전략적 전환계획(STP·Strategic Transition Plan)'을 수립했다. 한미는 연합사를 해체하고 한국 합참이 주도하되 미국 한국사령부가 지원하는 병렬형 지휘구조를 구축하기로 했다.

그러나 천안함 피격사건과 북한의 연평도 포격이 발생했던 2010년 한미 정상회담에서 북한의 군사적 위협 증가 등 변화된 안보상황 등을 고려해 전작권 전환시기를 2012년 4월 17일에서 2015년 12월 1일로 조정했다.

또 2013년 한미 국방장관은 제45차 한미안보협의회의에서 전작권 전환 이후 한미 연합작전의 효율성을 보장하기 위해 미래 지휘구조를 한국군 합참의장이 지휘하는 단일사령부를 편성하는 것으로 변경했다.

이후 북한의 핵·미사일 위협 등 고조되는 안보환경을 고려해 2014년 4월 한미 정상은 전작권 전환시기와 조건을 재검토하기로 발표했다. 이를 통해 2015년 10월 한미 국방장관은 전작권 전환의 안정적 추진을 위해 기존 '시기에 기초한 전환 방식'을 '조건에 기초한 전환 방식'으로 변경하고 '조건에 기초한 전작권 전환계획(COTP·Conditions-based

OPCON Transition Plan)'에 합의했다.

  이에 2017년 6월 한미 정상은 '조건에 기초한 전작권 전환'이 조속히 가능하도록 동맹 차원의 협력을 지속해나가기로 결정하고 2018년 10월에 한미 국방장관이 '조건에 기초한 전작권 전환계획' 수정안과 '전작권 전환 이후 연합방위지침'에 합의했다. 전작권 전환 이후에도 현재 연합사 체제를 유지하면서 한국군 4성 장성을 미래연합군사령관에 임명하는 미래 지휘구조를 기본 골자로 하는 방안에 합의했다.

  다만 전작권 전환의 전제 조건으로 세 가지를 내걸었다. ①연합방위 주도를 위해 필요한 한국군의 핵심 군사능력 ②북한 핵·미사일 위협 대응 능력 ③전작권 전환에 부합하는 한반도 및 역내 안보 환경 등이다. 이에 따라 정부는 전작권 전환에 필요한 우리 군의 핵심 군사능력과 핵·미사일 위협 대응능력을 지속적으로 확보해나갔다. 지상전력 차원에서 K2전차와 K9 자주포, 천무 등 세계 최고 수준의 전차와 화포를 자체 생산하고 아파치 공격헬기와 세계적 수준의 대화력전 수행능력을 구축했다. 해상전력 면에서는 최신 이지스 구축함과 3,000톤급 잠수함, 대형 수송함, 함대지·함대함·잠대지 미사일 자체 생산 능력을 갖췄다.

  공중전력 강화를 위해서는 5세대 전투기인 F-35A를 비롯해 글로벌호크, 공중급유기, 조기경보기 등을 보유하는 것은 물론, 4.5세대 한국형 전투기 KF-21을 자체 생산할 수 있는 능력을 강화했다. 여기에 중·장거리 탄도탄 요격무기, 탄도탄 조기경보레이더 도입, 고위력 현무 미사일 개발 등을 통해 북한 핵·미사일 대응능력도 지속 확충했다.

  이를 토대로 한미 양국은 전작권 전환 추진 현황에 대한 공동 평가를 진행하고 있다. 2021년 3월 한미 국방장관회담과 9월 한미통합국방협의체에서 전작권 전환에 상당한 진전이 있다고 평가했다. 특히 한미는 특별상설군사위원회(한국군 합참의장과 주한미군 선임장교 간 군사협의체)를 통해 조건평가 결과를 꾸준히 검토하고 있다.

2019년에는 특별상설군사위원회를 5차례 열어 우리 군의 핵심 군사능력을, 2020년에는 특별상설군사위원회를 2차례 개최해 동맹의 포괄적인 북한 핵·미사일 위협 대응능력을 중점적으로 검토했다. 현재 한미는 전구작전을 주도할 미래연합사의 임무수행능력을 점검·보완하기 위해 3단계 연합검증평가를 시행 중이다. 한미 연합검증단이 동일한 평가기준과 지표에 따라 평가함으로써 평가결과의 객관성과 공정성을 높이는 차원이다.

한미는 미래연합사의 기본운용능력(IOC) 평가를 위해 2019년 3월 동맹연습에서 IOC 평가 예행연습을 실시했고, 한미통합국방협의체와 상설군사위원회 등을 통해 준비상태를 점검해 IOC 평가를 철저히 대비했다. 그 결과 2019년 8월 한미 연합지휘소훈련에서 미래연합사의 IOC 평가를 성공적으로 시행했다.

한미는 후반부 단계로 한미 국방장관이 2019년 제51차 한미안보협의회의(SCM)에서 미래연합사의 완전운용능력(FOC) 평가를 2020년에 추진하기로 결정했다. 그러나 2020년 후반기 한미연합지휘소훈련에서는 코로나19 상황 등 제반여건을 고려해 미래연합사 구조를 적용한 예행연습을 병행 실시해 FOC 평가 시행을 위한 여건 마련에만 집중했다.

2021년에도 지속적인 코로나19 상황, 연합방위 태세 유지, 한반도 비핵화와 평화 정착 노력 등 제반여건을 종합적으로 고려해 전·후반기 연합지휘소훈련을 시행했다. 한국군 4성 장성이 지휘하는 미래연합사 주도의 전구작전 예행연습을 병행 실시해 FOC 평가 시행여건을 성숙하게 만들어놓았다.

이에 따라 우리 군은 적극적인 대미 정책협의를 통해 우리 군 주도의 미래 지휘구조를 적용한 FOC 평가를 적기에 추진하고자 매진하고 있다. 2022년 윤석열 정부 들어서는 전략문서 작성을 통해 전작권 전환 이후 연합지휘구조를 발전시키기 위한 노력을 추진했다. 이를 통해 한미 국방장관은 전작권 전환 이후에도 현재 연합사와 유사한 체제를 유지하면서 한국군 4성 장성이 미래연합군사령관 임무를 수행하도록 합의했다.

한 발 더 나아가 한미는 전작권 전환 이후 한미 연합방위체제를 규정하는 전략문서를 발전시키고 있다. 한미는 2020년에 미래연합군사령관의 임무 수행을 보장하기 위한 권한과 역할, 책임 등을 발전시켜 FOC 평가를 위한 전략문서 공동초안에도 합의했다. 같은 해 8월 연합훈련에서 전략문서 공동초안을 적용·평가했다.

앞으로 한미는 한미동맹과 연합방위체제를 더욱 강화하는 방향으로 전략문서를 발전시켜 나갈 예정이다. 이 같은 전략문서는 연합검증평가를 통해 지속 보완해 수년 내에 전작권 전환과 함께 최종 완성할 방침이다. 다만 윤석열 정부는 박근혜 정부의 국방개혁안이었던 국방개혁 기본계획(2014~2030)을 대체하는 국방혁신4.0 기본계획에 따라 전시작전권 전환에 있어 우리 군의 전력증강 체계를 더욱 고도화해 한반도 내 비핵화와 한반도의 항구적인 평화 정착 구축 계획이 완성될 때 전작권 전환에 속도를 낼 방침이다.

5 한반도 전쟁, 주변국 개입 시나리오

　북한은 최근 우크라이나와 격전지인 러시아 쿠르스크에 병력 1만 2,000명 정도를 파견했다. 단순한 파병이 아닌 2024년 6월 19일 블라디미르 푸틴 러시아 대통령과 김정은 북한 국무위원장이 평양에서 체결한 '포괄적인 전략적 동반자 관계에 관한 조약', 즉 북러조약에 따른 군사동맹 차원에서 이뤄진 조치다. 러시아의 요청에 따라 북한이 많게는 8,000명을 추가로 파병할 것이라는 관측도 나온다.

　이 조약 체결 소식이 알려지면서 미국과 한국을 비롯한 서방이 주목한 대목은 제4조로 이른바 '유사시 자동개입 조항'이다. 쌍방 중 일방이 개별적인 국가 또는 여러 국가들로부터 무력침공을 받아 전쟁상태에 처하는 경우 타방은 유엔헌장 제51조와 조선민주주의인민공화국과 로씨야련방(러시아)의 법에 준하여 지체 없이 자기가 보유하고 있는 모든 수단으로 군사적 및 기타 원조를 제공한다고 명시하고 있다.

　러시아는 우크라이나에 대한 공세가 전쟁이 아닌 특별군사작전이라고 일관되게 주장하며, 북한이 러시아의 우크라이나 '특별군사작전'을 지원하기 위해 파병했을 뿐이라고 강조하지만 사실상 북한군의 파병은 북러조약에 따른 것이라는 게 전문가들의 대체적인 시각이다. 이 조약에 따르면 한반도에서 남한과 북한이 전쟁을 벌인다면 러시아도 자동개입할 수 있다는 것으로 해석되는 대목이다.

한반도는 지정학적으로 주변 4강에 둘러싸여 있다. 미국을 비롯해 중국, 러시아, 일본이다. 그렇다면 한반도 유사시에 주변국 중 어떤 나라가 전쟁에 개입하게 될까.

만약 북한이 단독으로 대한민국을 침공해 한반도에서 전쟁이 벌어질 경우, 미국은 1953년 6·25전쟁 정전협정 체결 이후 변영태 외무부 장관과 존 포스터 덜레스 미 국무장관 사이에 조인된 '한미상호방위조약'에 따라 참전 여부를 협의하게 돼 있다.

이 조약의 핵심은 '당사국 중 일국의 정치적 독립 또는 안전이 외부로부터 무력공격에 의하여 위협받고 있다고 인정할 경우 언제든지 양국은 협의한다'는 내용이다. 한미상호방위조약 제3조에서도 전쟁발발 시 체약국 헌법의 절차에 따라 참전 여부를 결정한다고 규정하고 있어 미군의 '자동개입'을 보장하지 않고 있다.

다만 이 조약에서 '미국은 그들의 육·해·공군을 한국의 영토 내와 그 부근에 배치할 수 있는 권리를 가지며, 한국은 이를 허락한다'고 명시해 이 조항을 근거로 한국에는 현재 주한미군이 주둔 중이다. 또한 이를 근거로 한미연합군사령부가 창설돼 주한미군 2만 8,000여 명이 주둔하며 한미 군 당국은 긴밀한 대북 대비태세를 구축하고 있다. 주한미군 주둔이 한미상호방위조약보다 확실하고 효율적인 미국의 자동개입 장치로 북한을 압도적으로 제압할 근간이라는 평가가 나오는 것은 이 같은 까닭이다.

그러나 북러, 북중 연합군이 침략할 경우에는 상황이 달라진다. 최근 북한이 중국보다 더욱 밀접한 협력관계를 맺은 러시아의 경우, 푸틴 대통령과 김정은 국무위원장이 지난 6월에 서명한 조약에 주목할 필요가 있다. 1961년 7월 6일 니키타 흐루쇼프 소련공산당 서기장과 김일성 주석이 서명한 '조소 우호협조 및 상호원조 조약'을 재현했기 때문이다. 북한이나 러시아가 무력침공을 받을 경우 '지체 없이 모든 수단을 다해 개입하고 지원한다'고 규정해 소련 해체 이후 1996년 폐기된 '자동군사개입' 조항이 부활한 것이다.

이 조약 제3조에는 위협을 제거하기 위한 실천적 조치를 합의할 목적으로 쌍무협상 통로를 지체 없이 가동한다고 돼 있어 동일한 위협 인식을 갖고 공동으로 대처하겠다는 의미를 담았다.

제4조에는 체약국 중 일방이 무력 침공을 받아 전쟁상태에 처하면 타방은 유엔헌장과 양국의 법에 준해 지체 없이 자기가 보유한 모든 수단으로 군사적, 기타 원조를 제공하도록 규정해 군사 협력의 폭을 넓혀 군사동맹 수준으로 양국관계를 격상하는 내용을 포함시켰다.

북러 조약과 달리 중국과 북한의 협력관계는 한국을 포함한 모든 나라 군사동맹과는 다른 특수한 관계로 이뤄졌다.

소련공산당 서기장과 김일성 주석이 서명한 '조소 우호협조 및 상호원조 조약'보다 닷새 뒤인 1961년 7월 11일 김일성 주석은 중국 베이징을 방문해 저우언라이 총리와 '중조 우호협조 조약'에 서명했다. 현재까지 유효한 이 조약의 제2조는 이른바 '유사시 자동개입 조항'이다. 이 조약을 체결한 쌍방은 상대방이 한 국가 또는 여러 국가연합의 무장공격을 받아 전쟁상태에 처할 경우 즉각 전력을 다해 군사 및 기타 원조를 제공하도록 하고 있다.

'중조 우호협조 조약'은 유효기간이 언제까지인지 명시되지 않았다. 양국이 폐지 합의가 없는 한 20년마다 자동연장되며 2021년에 자동 연장됐기 때문에 현재 이론적인 유효기간은 2041년이다.

3년 전인 2021년 7월 11일 시진핑 중국 국가주석과 김정은이 '조약 체결 60주년 기념 축전'을 주고받은 소식이 알려진 후 당시 자오리젠 중국 외교부 대변인은 이 조약의 유효기간을 묻는 질문에 "아직 이 조약을 수정하거나 종결하기로 한 일이 없다"고 답하기도 했다.

이처럼 북한과 러시아, 북한과 중국이 맺은 '유사시 자동개입 조항'을 담은 두 조약에 따르면 북한이 특정 국가나 국가연합의 공격을 받을 경우 러시아와 중국은 북한의 요청이 없어도 '즉각 자동개입'하도록 돼 있다. 따라서 한국이나 미국 또는 한미 연합군이 북한을 공격할 경우를 가정하면 러시아와 중국은 '즉각 전력을 다해' 전쟁에 즉각 개입하게 돼 있는 것이다.

한미, 북러, 북중 간 조약에 따라 한반도에서 전쟁이 발발할 경우 미국과 중국, 러시아군이 개입해 전쟁을 수행하게 될 수밖에 없는 게 현실이다. 그렇기 때문에 한반도에서 전쟁이 다시 일어난다면 곧바로 국제전, 즉 제3차 세계대전으로 불길이 옮겨붙어 우크라이나와 중동에 벌어지는 전쟁과는 비교가 안 되는 비극이 한반도에서 벌어질 수도 있다.

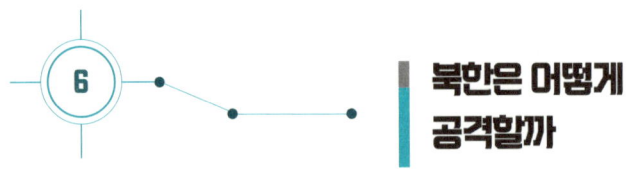

6 북한은 어떻게 공격할까

북한은 1950년 6월 25일 새벽 5시 38도선 전역에서 기습 남침을 감행했다. 북한군은 7개 보병사단, 1개 기갑사단, 수개의 특수 독립연대로 구성된 총병력 11만 1,000명과 1,610문의 각종 포, 280여 대의 전차와 자주포를 앞세워 쳐들어왔다.

새벽 4시 서쪽 옹진반도 공격을 시작으로 새벽 5시에는 개성과 동두천, 포천, 춘천, 주문진 등으로 전선을 확대했다. 우선 38선 전역에 30분 동안 포사격을 한 다음 공격해 들어왔다. 남침 루트는 옹진반도 외에 3방향이다. 제1접근로는 서부전선 개성~문산~의정부를 거쳐 서울로 진입하는 코스였다. 제2접근로는 중부전선 철원~포천을 거쳐 의정부로 들어오는 코스였다. 제3접근로는 춘천~가평을 거쳐 경기도 이천으로 돌아 서울로 들어오는 코스였다.

북한군이 첫 공격이 시작된 옹진반도는 당시 평소에도 가끔 교전이 있었던 곳이다. 전쟁 발발 전날인 24일 밤에도 새벽 2~3시쯤 작은 포격이 있었는데 새벽 4시가 되면서 북한군이 30여 분 동안 엄청난 양의 화력을 집중적으로 퍼부었다. 다른 지역이 매우 조용한 것과는 대조적인 모습이었지만 사실은 6·25 전쟁의 시작을 알리는 폭죽이었다. 북한군은 새벽 5시부터 38선 전역에서 공격준비사격을 펼쳤고 30분쯤 지나 일제히 38선을 넘어 남측으로 내려왔다. 전면전이 시작된 것이다.

왜 옹진반도는 다른 지역보다 한 시간 먼저 공격이 이뤄졌을까. 이 같은 북한군 전략에 대한 해석을 두고 전문가들은 남침유도설과 관련이 있다고 평가하고 있다. 옹진반도에 주도하고 있는 국군이 북한 해주로 북침하도록 미끼를 던지기 위해 한 시간 전에 공격을 시작했고 이를 빌미로 북한군이 38선 전역에서 총반격을 개시하는 게 북한의 전쟁 시나리오라는 분석이다.

6·25전쟁 정전 70년이 넘어선 지금 북한이 다시 전쟁을 발발하면 어떻게 공격할까.

2013년 북한이 공개한 북한판 작전계획(작계) '3일 전쟁' 시나리오를 주목해볼 만하다. 과거 김정일 북한 국방위원장이 '6일 전쟁'을 언급하며 군사 훈련을 독려했다면 현재 김정은 국무위원장은 이를 단축한 '3일 전쟁'을 내세워 특수부대를 강화하는 변화된 전략을 세웠다.

그래도 두 시나리오의 공통점이 있다. 북한의 특수전 부대를 앞세워 남한을 먼저 침공해 남한 전체를 빠르게 점령한다는 목표다.

북한의 제2의 한반도 전쟁 시나리오는 북한의 대남 선전·선동 웹사이트 '우리민족끼리'가 공개한 '3일 만에 끝날 단기 속결전'이라는 동영상을 통해 다음과 같이 짐작할 수 있다.

첫째 날은 '불마당질'이다. 인민군 4개 전방 군단 예하 포병 부대들이 발사 명령을 받자마자 30분간 240㎜ 방사포와 중·장거리포 25만 발, 단거리 지대지미사일 1,000발을 한미 연합군 기지를 향해 소나기처럼 퍼부어 초토화시킨다. 곧바로 인민군 특수부대 5만여 명이 후방에 있는 해·공군기지, 레이더 기지, 발전소, 항만 등 국가 전략 시설을 선제 기습 공격해 무력화한 후 주한미군과 한국에 거주하고 있는 미국인 15만 명을 포로로 붙잡는 작전이다.

둘째 날은 인민군 '남진 총공세'다. 인민군 항공 육전 병력 1만 500여 명을 남측 대도시 80m 상공에서 저공 강하시켜 시가전을 벌이고 4개 군단이 전차 4,600대와 장갑차 3,000대를 몰고 내려와 각 도시를 공격하는 작전이다. 이 작전에는 미군 시설을 대량 파괴 무기로 선제 공격해 빠르게 제압하는 공격이 포함됐다.

마지막 셋째 날은 '안정화' 단계다. 서울은 물론 대도시의 전기·가스·교통·통신망 등을 차단해 시민들을 혼란에 빠뜨리고 남한 전체를 완전하게 점령해 남한과의 전투는 거의 없고 인민군이 점령 지역으로 들어와 치안을 유지하며 안정화 작전을 벌인다는 작전이다.

북한의 전쟁 시나리오를 종합해보면 북한 인민군 특수부대가 선제 공격을 시작해 남한의 정부기관, 핵심 기간시설, 군 연대급 이상 지휘부와 주요 시설 등을 타격한다. 이 과정에서 북한은 전략적으로 미국대사관을 습격해 직원들을 인질로 삼아 미군 개입을 막는다는 작전도 병행한다.

이후 선발대의 기습 공격으로 우리 군의 지휘체계를 마비시키고 북한군 1·2·5군단이 밀고 내려오면서 본격적인 전쟁을 시작한다. 남한에서 전쟁이 본격화되면 북한의 1·2·5군단이 모두 희생되는 동안 남한의 화력과 전략을 파악한 평양 수뇌부가 남측 무력이 집중된 곳에 대규모 단거리 미사일을 집중적으로 쏴 남한의 핵심 전략을 무력화함으로써 속전속결로 전쟁을 마무리하는 그림이다.

즉 북한의 선발 특수전 부대와 총알받이로 나서는 1·2·5군단의 교란전이 남한의 전후방에서 벌어지고 난 후 미사일 포격으로 북한이 승기를 잡으면 비로소 나머지 군단들이 내려와 남한 전체를 점령하는 게 북한판 전쟁 시나리오의 완성인 셈이다.

아울러 전쟁의 속전속결을 위해 북한군은 기습 공격을 지원하는 대규모 포병 전력을 전진배치했다. 이에 북한군은 최근 휴전선에서 100㎞ 이내(황해도 사리원~강원도 통천 라인 이남)에 북한 병력의 70%(70만 명), 화력의 80%를 전진배치한 것으로 전해졌다. 과거 북한군이 휴전선에서 150㎞ 이내(평양~원산 라인 이남)에 병력의 70%를 배치했던 것과 비교하면 속도전을 위해 훨씬 더 남하했다.

무엇보다 북한은 대통령 집무실이 청와대에서 용산으로 옮겨지면서 최근 남측 수뇌부 타격을 위한 작전 계획도 변경했다. 이를 위해 인민군 전선부대의 작전 임무에 추가된 중요 군사행동 계획 중 하나가 용산 대통령실 타격 작전인 것으로 알려졌다.

이처럼 각종 미사일과 방사포를 동시에 기습 발사해 남측의 국가 및 군사시설을 무력화하는 것은 북한의 또 다른 시나리오인 '3전쟁계획'이다. 3분 만에 용산 대통령실을 비롯해 국방부·합동참모본부 등 국군의 핵심 체계를 초토화하고, 3일 만에 남측 전역의 국군 핵심 전력을 무력화하는 게 이 계획의 골자다.

7 전쟁 승패를 좌우할 최대 변수

　미국 군사력 평가기관인 '글로벌 파이어파워'(GFP)가 발표한 '2023년 세계 군사력 지수'를 보면 한국은 세계 6위다. 세계 최고 군사강국 미국이 단연 1위다. 이어 러시아(2위), 중국(3위), 인도(4위), 영국(5위) 등의 순으로 사실상 핵보유국을 제외하면 남한은 세계 최고 수준의 군사 강국으로 꼽혀도 손색이 없는 군사력을 갖췄다. 주요 7개국(G7) 국가 중 독일(25위), 캐나다(27위)보다 상위를 차지할 정도다.

　반면 북한은 경제난에 국방예산이 줄고 무리한 핵 개발에 치중하면서 재래식 군사력이 크게 약화됐다. GFP 순위에서 34위로 2020년 25위에서 무려 9계단이나 떨어졌다. 순위는 각 나라가 보유한 군사 장비, 군대의 규모, 재정적 지위, 지정학적 이점 등 60개 항목을 평가해 매겨진다. 6·25전쟁 정전 이후 70여 년이 넘어선 현재 남북한의 군사력이 역전된 것이다.

　이는 한국이 재래식 무기의 질적 개선을 통한 우위를 점했기 때문이다. 이런 점은 북한도 인식하고 재래식 무기와 경제력 열세를 비대칭 전력인 핵무기를 비롯한 대륙간탄도미사일과 핵잠수함 개발을 통한 전력

증강으로 맞서려 하고 있다. 직접적인 핵 전략 확보에 제한이 있는 한국 입장에서도 핵 전력 등 북한 비대칭 전력의 지속적 강화는 우려스러운 대목이다. 특히 만약 한반도에서 다시 전쟁이 발발한다면 북한의 핵무기 보유는 전쟁의 승패를 좌우할 가장 큰 변수가 될 수 있다.

우려스러운 대목은 북한의 핵무기 무장 능력은 국제사회의 압박 속에서도 지속적으로 확대되고 있다는 것이다. 영국의 싱크탱크인 왕립합동군사연구소(RUSI)가 최근 발간한 보고서에 따르면 2023년 말 기준으로 북한은 단거리 및 중거리 핵탄두를 80~90기가량 보유하고 있다고 추정된다. 또 핵탄두 80~200기를 추가로 생산할 만큼의 핵분열 물질을 보유해 현재 보유 물량의 최소 2배를 더 생산할 역량을 갖췄다고 판단된다.

특히 핵분열 물질 재고를 감안할 때 북한은 이미 약 21~23기의 복합 열핵탄두를 개발한 것으로 추정했다. 전략 열핵탄두는 2세대 핵무기로 대륙간탄도미사일(ICBM) 또는 잠수함발사탄도미사일(SLBM) 등에 실어 대도시와 산업 중심지 등을 공격하는 데 사용할 수 있다.

보고서는 또 북한이 최소 25~35개의 전략 열핵탄두 개발을 목표로 잡고 이미 약 21~23기의 복합 열핵탄두를 개발했을 수도 있다고 분석했다. 이에 대한 근거로 위성사진 분석 등 북한이 핵탄두 추가 제작에 필요한 농축 플루토늄과 우라늄을 충분히 확보한 정황을 제시했다.

미국이 북한의 비핵화에 대한 의지 약화도 한반도 전쟁 재발 시 전쟁 승패를 가를 새로운 변수라는 지적도 있다. 미국 대통령 선거를 앞두고 민주·공화 양당이 새 정당강령(정강)에서 북한 비핵화(denuclearization)라는 문구를 모두 삭제한 것으로 확인됐다.

민주당은 지난 2020년 대선 당시 정강에 있었던 북한 비핵화 목표를 이번에는 포함하지 않았다. 4년 전 작성·채택된 정강은 "우리는 (북한) 비핵화라는 장기적인(longer-term) 목표를 진전시키기 위해 지속적이고 협력적인 외교 캠페인을 구축하겠다"고 했었지만 이번엔 비핵화라는 표현 자체가 생략됐다. 공화당 정강 또한 한반도 및 북한에 대한 언급은 물론 비핵화 언급도 하지 않았다. 2020년 대선 때 4년 전인 2016년 정강을 그대로 채택한 공화당은 당시 강령에서 CVID를 대북 정책 목표로 포함시켰다.

이 때문에 대화를 거부하는 북한이 핵 능력을 강화하면서 도발 수위를 높이는 상황에서 국제 사회의 북한 비핵화 원칙인 '완전하고 검증 가능하며 불가역적인 비핵화(CVID)' 기조가 흔들릴 수 있다는 우려가 나온다. 게다가 도널드 트럼프 대통령이 북한과 재협상에 나서면서 핵 군축·동결을 시도할 가능성도 거론되고 있다.

물론 우리 정부는 지난해 워싱턴 정상 회담·선언, 한미일 캠프 데이비드 회담 등에서 '핵비확산체제(이하 NPT)'를 준수하고 '핵협의그룹(NCG)'을 통해 '확장억제'를 준수하겠다고 확약한 만큼 북한의 핵무기 사용을 충분히 억제할 수 있다는 입장이다.

그러나 이 같은 방침은 북한의 핵·미사일이 미국 본토를 위협할 수준에 미치지 못한다는 전제로 대북 핵우산을 제공하는 것으로, 북한의 핵·미사일 능력이 고도화되어 미 본토를 직접 겨냥할 경우에는 한반도 전쟁 재발 시 상당한 변수가 될 것이라는 지적이 나온다.

무엇보다 러시아와 우크라이나의 전쟁으로 북한이 파병까지 하면서 더욱 긴밀해진 북러 관계와 오랜 혈맹관계인 북중 관계는 한반도 유사시에 전쟁에 자동개입할 수 있는 북러·북중 상호군사조약 체결로 한반도 전쟁 재발시에 승패를 결정할 변수이자 전쟁이 장기화로 전개될 수 있는 가장 강력한 변수라는 점이다.

당장 지난 12월 초 북한과 러시아는 '포괄적인 전략적 동반자관계에 관한 조약' 비준서를 교환하면서 신조약이 발효됐다. 조약에는 어느 한 나라가 전쟁상태에 처하면 다른 나라가 모든 수단으로 군사원조를 제공하도록 하는 자동군사개입 조항이 포함돼 있다.

이처럼 한반도 전쟁 재발 시 승패를 좌우할 변수가 많아지면서 한반도의 비핵화 실패와 이에 전쟁 발발 가능성이 커지고 있다는 우려의 목소리가 높아지고 있다. 미국 싱크탱크인 스팀슨센터는 최근 미 외교전문지 〈포린폴리시(FP)〉에 올린 '한국 전쟁 재발 위험이 그 어느 때보다 높아졌다'는 기고를 통해 "북한이 향후 6개월에서 18개월 사이 극적인 행동에 나설 가능성이 높다"고 주장하기도 했다. 한반도에서 전쟁이 발발할 가능성이 한국전쟁 이후 최고조에 달해 한반도 내 남북한 간 무력충돌 불안감이 바로 현실화되는 게 이상하지 않다는 지적이다.

이에 따라 우리 정부 입장에서는 한반도 전쟁 재발 시에 승패를 좌우할 변수들을 점검하고 대책을 마련하는 골든타임을 놓치지 않게 각별한 관심을 가져야 할 것으로 보인다.

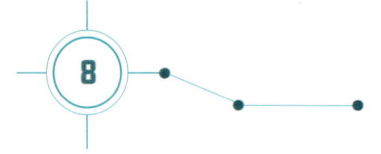

한반도 전쟁이 핵전쟁이 될 가능성

70년 넘게 휴전을 이어오고 있는 한반도에서 다시 전쟁이 발발하면 이번에는 재래식 무기를 활용한 전면전이 아닌 핵전쟁이 일어날 수 있다는 우려가 커지고 있다. 이 같은 관측은 지난 2022년 9월 열린 최고인민회의 제14기 7차 회의에서 김정은 국무위원장이 시정연설을 통해 북한 체제의 보장을 위해 "우리는 더 이상 핵무기를 놓고 협상할 수 없다"며 절대 먼저 핵무기를 포기하지 않을 것이라는 입장을 처음으로 밝힌 것에서 비롯한다.

김 국무위원장은 이어 "나라의 생존권과 국가와 인민의 미래의 안전이 달린 자위권을 포기할 우리가 아니며, 그 어떤 극난한 환경에 처한다 해도 미국이 조성해놓은 조선반도의 정치군사적 형세하에서, 더욱이 핵 적수국인 미국을 전망적으로 견제해야 할 우리로서는 절대로 핵을 포기할 수 없다"고 강조했다. 북한은 그러면서 최고인민회의에서 핵무력 사용정책 법제화를 공식선언했다.

북한이 제시한 핵무기 사용 5대 조건은 다음과 같다. △북한에 대한 핵무기 또는 기타 대량살육무기 공격이 감행됐거나 임박했다고 판단되는 경우 △국가지도부나 국가 핵무력 지휘기구에 대한 적대세력의 핵 및 비핵공격이 감행됐거나 임박했다고 판단되는 경우 △국가의 중요 전략적 대상들에 대한 치명적인 군사적 공격이 감행됐거나 임박했다고 판단되는 경우 △유사시 전쟁의 확대와 장기화를 막고 전쟁의 주도권을 장악하기 위한 작전상 필요가 불가피하게 제기되는 경우 △기타 국가의 존립과 인민의 생명 안전에 파국적인 위기를 초래하는 사태가 발생해 핵무기로 대응할 수밖에 없는 불가피한 상황이 조성되는 경우 등이다.

주목할 점은 '임박했다고 판단되는 경우' '작전상 필요가 불가피하게 제기되는 경우' '핵무기로 대응할 수밖에 없는 불가피한 상황이 조성되는 경우' 등으로 한미 당국의 대북 선제타격이 실행되지 않았어도 북한 지도부의 자의적 해석에 따라 언제든 핵을 사용할 수 있다는 의지가 분명한 대목이다.

게다가 핵무력에 대한 지휘통제권, 즉 김정은 국무위원장이 핵무기와 관련한 모든 결정권을 가진다고 명시했다. 이에 따라 1인 독재체제로 북한의 존엄이라 불리는 김 국무위원장의 오판에 의한 결정을 북한군 수뇌부가 막을 수 없는 특성상 한반도 전쟁이 다시 발발하면 핵전쟁으로 확산될 수 있다는 우려를 해소하기 힘들 것으로 보인다.

북한은 핵무력 법제화를 기념하는 우표도 발행하며 대외적으로 핵무력 정책의 정당성도 강조했따. 이 우표는 30원짜리로 '국가 핵무력 정책과 관련한 법령을 채택'이라는 문구 아래로 우측 앞쪽부터 신형 대륙간탄도미사일(ICBM)인 '화성-17형', '화성-15형'과 극초음속 미사일 '화성-8형'이 이동식발사차량(TEL)에 실린 모습을 담고 있다.

맨 좌측에는 '북극성-3형'으로 보이는 잠수함발사탄도미사일(SLBM)

1발이 수중 발사되는 장면이 그려졌다. 북한은 2019년 북극성-3형 수중 시험발사에 성공했고, 신형 북극성-4ㅅ(시옷)형, 북극성-5ㅅ형까지 공개한 상태다. 이들 미사일에는 핵탄두를 탑재할 수 있다.

이 때문에 전문가들은 북한이 핵무력 법제화를 통해 핵사용 임계점을 낮춤으로써 한반도 전쟁 발발 시 재래식 전쟁에서 우발적 핵전쟁으로 확산될 위험이 높아졌다고 내다보고 있다.

이와 관련 미국 국방부도 2023년 발표한 〈2023 WMD(대량살상무기) 대응 전략〉 보고서에서 북한이 2022년 최고인민회의에서 '핵무력 정책'을 법령화한 것과 관련해 "핵보유국 지위를 스스로 재확인한 북한이 핵사용 조건을 정립함과 동시에 비핵화를 거부하는 법을 제정했다"며 북한 위협이 지속되고 있다고 지목했다.

이어 "핵무기와 탄도미사일 전력을 우선시해온 북한이 미국 본토는 물론 역내 동맹 및 파트너를 위험에 빠뜨리는 이동식 단거리, 중거리, 대륙간 핵역량을 개발해 배치하고 있다"며 "이러한 역량 개발은 북한이 물리적 충돌의 어느 단계에서든 핵무기를 사용할 수 있는 선택지를 제공한다"고 평가했다. 미 국방부의 WMD 대응 전략 보고서가 2014년에 발간한 이후 9년 만인 2023년에 북한의 핵무기 사용을 기정사실화한 것이다.

미 국방부는 북한의 생화학 무기 능력에 대해서도 지적했다. 미 국방부는 "북한은 전쟁에 사용할 수 있는 수천 톤의 화학작용제를 보유하고 있고 포·탄도미사일·비정규군을 통해 이러한 화학무기를 살포할 수 있다"고 꼬집었다. 한반도 유사시 북한이 당사자가 된다면 정권의 존폐가 걸려 있는 만큼 생화학 및 핵무기 같은 비대칭 전력으로 곧바로 대응해 핵전쟁으로의 전환을 피하기 어려울 수 있다고 분석했다. 무엇보다 전

쟁을 조기 종식하기 위해 미국이 북한을 핵으로 공격하면 북한 역시 핵으로 대응할 수밖에 없어 한반도 전쟁 시 핵전쟁 가능성이 매우 높다는 추측에 계속해서 힘이 실리고 있다.

이에 대비해 북한이 전술핵무기의 소형화·경량화·다종화·정밀화를 위해 전술핵을 탑재할 수 있는 미사일에 대한 시험발사를 계속 이어가고 있다는 점에 주목해야 한다. 전면전이 아닌 국지전 등에서 사용하는 전술핵무기는 수십kt 단위의 폭발력만 지니면 되므로 이는 충분히 전술핵무기 완성도를 높이기 위한 연장선으로 해석할 수 있다.

여기에 북한 핵·미사일 위협을 저지하고자 구축 중인 한국의 '3축 체계'(킬체인, 한국형 미사일방어(KAMD), 대량응징보복(KMPR))에 대한 대응 전략 차원에서, 북한이 최근 들어 레이더 포착이 쉽지 않은 순항미사일 시험발사 횟수를 늘리고 있는 현실을 감안하면, 북한이 한반도에서 전쟁 시 전술핵무기를 사용하는 선택지는 변수가 아닌 상수라는 점은 핵전쟁의 가능성을 끌어올리고 있다.

이런 우려가 현실화될 가능성이 높다는 판단에서 한미 정부는 2023년부터 한미 핵협의그룹(NCG) 회의체를 출범시키고 NCG와 연계한 정례적 도상연습(TTX) 및 모의연습(TTS) 등을 활용해 북한의 핵 사용 시나리오를 전제로, 핵 억제 연합 연습 및 훈련을 발전시키기로 했다. 이는 한반도에서 전쟁 발발 시 재래전이 곧바로 핵전쟁으로 전환한다는 가정에 더 무게를 두기 때문이다.

뿐만 아니라 북한과 군사상호조약을 맺고 있는 러시아와 중국이 한반도 전쟁에 자동개입하게 되면 제3차 세계대전으로 확산돼 한미는 이들 핵보유국들과 전쟁해야 하는 상황으로 더욱 내몰릴 수 있다. 한반도 전쟁 발발 시 핵전쟁 가능성이 우려가 아닌 충분히 현실이 될 수 있다는 관측이 잇따르는 것은 이 같은 이유에서다.

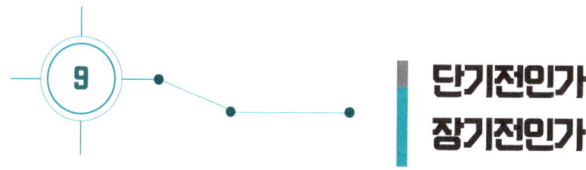

9 단기전인가 장기전인가

한반도에서 제2의 한국전쟁이 일어난다면 러시아와 우크라이나 전쟁처럼 장기전으로 전개될까, 아니면 속전속결 단기전으로 종식될까. 이에 대한 큰 변수는 한반도 주변 4강의 전쟁 개입 여부다.

예컨대 러시아와 우크라이나 전쟁 발발 시 당초 단기전으로 러시아가 승리할 것이라는 분석이 우세했지만 실제로는 3년이 넘도록 지속되고 있다. 전쟁이 진행되면서 러시아를 견제해야 할 군사강국 미국과, 우크라이나의 패전으로 러시아의 군사적 위협이 커질 수 있는 북대서양조약기구(NATO·나토)가 사실상 전쟁에 직접 개입하는 수준으로 각종 무기와 예산을 대거 지원하는 변수가 작용하고 있기 때문이다.

우크라이나가 국경을 넘어 러시아 서부 쿠르스크를 일부 점령하거나 미국에서 지원받은 전술 탄도미사일 에이태큼스(ATACMS)로 러시아 본토의 주요 기지를 타격하는 등 러시아가 예측하지 않은 시나리오가 펼쳐지면서 우크라이나가 러시아를 상대로 상당히 선전하고 있다.

이처럼 서방의 지원으로 전쟁의 분위기가 우크라이나 쪽으로 기울자 발등에 불이 떨어진 러시아는 '핵무기 사용' 가능성을 여러 차례 언급하며 압박하고 나섰다. 블라디미르 푸틴 러시아 대통령은 미국이 핵무기 실험을 한다면 러시아도 실험 재개를 고려할 것이라고 경고하기도 했다. 2023년 11월에는 모든 핵실험을 금지하고 검증 체계를 강화하는 CTBT 비준도 철회했다. 심지어 핵무기 사용 범위를 넓히고 조건을 완화하는 방향으로 핵 교리를 수정하는 등 우크라이나 전쟁이 핵전쟁으로 확산될 수도 있다는 분위기를 고조시키고 있다.

이 같은 전장 상황을 고려하면 우크라이나와 러시아 간 전쟁 장기화 원인은 크게 두 가지 요인을 꼽을 수 있다. 우선 미국을 비롯해 서방이 대규모 무기와 예산을 지원하면서 군사적으로 열악했던 우크라이나가 러시아를 상대로 예상을 깨는 선전을 펼쳐 러시아가 당황하고 있기 때문이다. 예를 들어 이번 전쟁 자체만 봤을 때 가장 크게 부각된 드론(무인기)을 활용한 비대칭전에서 러시아가 속수무책으로 당하면서 전황이 크게 돌변했다는 점이다.

다른 하나는 핵보유국가인 러시아가 위협만 할 뿐 핵무기를 사용하지 못하면서 재래식 전력을 기반으로 한 지루한 전면전이 지속되고 있다는 것이다. 제2차 세계대전에서 미국이 일본을 핵으로 공격해 항복을 받아낸 이후 아직까지 핵무기가 현대전에서 사용된 적은 없다. 핵무기 사용은 자칫 제3차 세계대전으로 번져 전 세계가 위태롭게 될 수 있어 러시아로서도 손쉽게 선택할 수 없는 카드이기에 그렇다. 결국 병력과 무기가 부족한 러시아도 북한으로부터 병력 파병과 재래식 무기를 지원받게 되는 상황에 처하게 됐다.

이처럼 우크라이나와 러시아 간 전쟁의 장기화를 감안한다면 한반도에서 다시 전쟁이 발발한다면 한미 양국이 막강한 공군력을 앞세워 제공권을 장악하고 신속하게 북한 지휘부를 제거하여 단기전으로 끝나기보다는 장기전으로 진행될 가능성이 높다는 게 전문가들의 시각이다.

우선 북한이 핵무기 법제화와 불포기 선언으로 유사시 미국의 전쟁 개입을 차단하기 위해 미국 본토를 겨냥해서 핵무기를 사용하겠다고 위협할 수 있지만, 미국 본토 공격은 핵을 포함한 대규모 응징과 반격의 빌미만 제공할 수 있다. 이럴 경우 북한 정권의 종말만 앞당기는 단초가 될 수 있어 김정은 국무위원장이 마지막까지 선택하기 어려운 카드라는 관측이다.

따라서 기존 재래식 무기를 기반으로 한 포격전과 지상전이 지속될 가능성이 높다. 여기에 북한은 북러, 북중 상호군사조약에 따라 중국과 러시아의 자동개입 지원에 힘입어 오랜 기간 상당한 군사력을 발휘할 수 있다. 한국도 미국이 방위동맹인 상호방위조약에 따라 사실상 자동개입하고 6·25전쟁 당시 참전했던 유엔(UN) 회원국의 지원을 다시 받게 되면서 한반도 전쟁은 장기화될 수 있다.

다른 한편으로 미국이 전술핵을 탑재해 포격할 수 있는 3대 핵 전력자산인 핵추진잠수함, 대륙간탄도미사일, 전략폭격기 등을 투입해 북한을 무력화해 단기전으로 끝낼 수 있다는 예측도 가능하지만, 러시아와 중국도 핵보유국이라는 점, 미국의 핵 사용이 이들 국가에게 피해를 유발하면 한반도 전쟁이 핵전쟁으로 확산될 우려가 상당히 높다는 점에서 미국도 핵 공격을 망설일 수밖에 없는 상황에 놓여 결국에는 장기전이 불가피할 것으로 보인다.

한반도 전쟁이 장기화될 수밖에 없는 또 다른 이유는 전쟁의 양상이 남북한 양측이 물러설 수 없는 제로섬 게임이 됐다는 데 있다. 한국이 북한을 먼저 공격할 경우는 제로에 가까워 한반도 전쟁 발발은 북한의 오판에 따른 무력 도발에서 비롯하기 때문에 김정은 국무위원장으로서는 계속해서 집권하기 위해서는 전쟁 승리가 반드시 필요하다. 북한의 존엄인 김 국무위원장은 절대권력을 걸고 전쟁을 시작했다는 전제하에 전쟁을 통해 뚜렷한 성과물을 얻기 위해 중간에 전쟁을 중단하거나 휴전을 협상하는 상황으로 갈 수는 없을 것이다.

한국으로서도 6·25전쟁 휴전으로 70년 가까이 한반도 내에 평화를 유지하기 위한 노력 속에 산업 부흥을 통해 세계 10위 경제 대국으로 올라선 상황에서 북한의 전쟁 도발로 엄청난 경제, 외교적 피해 발생과 한반도의 통일을 염원하는 국민적 정서를 고려할 수밖에 없다. 따라서 전쟁 승리를 통해 한반도 분단 현실을 매듭짓고자, 영토의 완전한 수복을 위해 전쟁 장기화를 전혀 개의치 않고 끝까지 싸울 태세에 들어갈 가능성이 높다.

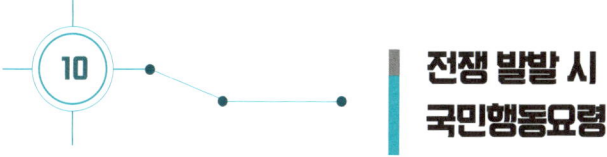

10 전쟁 발발 시 국민행동요령

한반도에서 전쟁이 발발할 가능성이 1950년 한국전쟁 이후 최고조에 달했다는 분석이 나오는 상황에서 71년 넘게 평화를 유지해오던 한반도에서 정말로 전쟁이 발발하는 국가비상사태가 벌어진다면 국민들은 어떻게 대응해야 할까.

북한의 전쟁 도발 및 미사일 발사 징후가 포착되면 전국 2,200여 개 스피커를 통해 공습경보가 발령된다. TV와 라디오 방송도 재난방송을 시작하고 '공습경보 발령, 지하 대피시설로 대피하라'라는 재난안전 문자메시지가 각 개인의 휴대전화로 발송된다. 공습이 잦아들면 정부는 단파(AM) 라디오 방송을 통해 '귀가 지시'를 한다. 귀가 지시를 받으면 국민은 즉시 가정으로, 전시 동원 대상 업체 직원들은 직장으로 복귀해야 한다.

또 예비군을 포함해 국방의 의무를 치렀던 특정 연령대 남자들은 전시 동원령에 따라 지체 없이 집결지로 이동해야 한다. 모든 주유소는 국가 소유로 지정되고 차량은 통제 관리돼 피난 수단으로만 사용하게 된다. 일반 국민은 대피소와 각자의 집으로 즉시 복귀해야 한다.

재난 관련 주무부서인 행정안전부가 공개한 국민행동요령에 따르면 전쟁 시 가장 중요한 것은 정부 안내에 따라 침착하게 대처하는 것이다. 이를 위해 TV와 라디오 등 방송을 통해 최신 정보를 얻고 상황에 맞는 행동 요령이 필요하다.

민방공 경보는 적의 공격이 예상되거나 공격이 진행 중일 때 발령된다. 따라서 경계경보 시에는 즉시 대피 준비를 하고 공습경보 시에는 안전하게 질서 있게 서둘러 대피소로 이동한다. 화생방 공격 시엔 방독면 등 개인 보호 장비를 착용하거나 손수건 등으로 입과 코를 막고 최대한 몸을 보호해야 한다.

대피 이후에는 가족과 이웃과 함께 행동해야 한다. 서로의 감정 상태를 다독이며 안정을 찾는 것이 중요하다. 상황에 따라 정부의 안내로 추가적인 대피 조치도 준비하고 민간인을 위한 구호 활동에도 동참할 수 있다. 이러한 대비책을 평시에도 숙지하고 비상사태에 신속하게 대비하는 것이 중요하다.

종합하면 정부가 강조하는 국민행동요령은 크게 세 가지다. '준비' '대피' '듣기'다. 우선 가장 가까운 대피소를 알아두고 비상 물품 '준비'하기, 생화학·핵무기 공격 시 '대피'하기, 안전 질서를 유지하고자 정부 방송 '듣기'가 중요하다. 평소 구글 플레이나 애플 앱스토어에서 정부 애플리케이션(앱)인 '안전디딤돌'을 다운로드해 비상시 주변 대피소를 찾아보고 행동요령을 숙지하는 것도 좋은 방법이다.

△ 전시 일반 행동요령

집을 중심으로 정부의 방송(TV·라디오)을 청취하며 안내에 따라 행동한다. 비상대비 물자를 점검하고 화재·폭발 위험이 있는 가스와 전원을 차단한다. 단수·단전·가스공급 중단을 대비한 물자를 준비한다. 필요시 정부의 안내에 따라 대피소로 신속히 대피한다. 어린이와 노약자는 미리 대피한다. 통신망이 마비되지 않도록 불필요한 전화 사용은 자제한다. 대피령이 발령되면 신속하고 질서 있게 대피한다. 준비해둔 비상대비 물자를 가지고 신속히 대피한다. 영업장에서는 영업을 중단하고 손님 대피를 유도한다. 운행 중인 차량은 공터나 도로 우측에 정차 후 대피한다. 대피한 뒤에도 계속 정부의 방송을 들으며 안내에 따라 행동한다.

특히 필요 시 전시 동원 및 피해 복구에 모두 동참한다. 동원령이 선포되면 병력·인력·물자 동원대상자는 지정된 일시와 장소에 지체 없이 응소한다. 헌혈과 부상자 진료, 전재민 구호 등 자원봉사 활동에 동참한다. 정부 통제에도 적극 협조한다. 군사작전 및 피해복구를 위한 차량 및 주민 이동통제에 우선 협조한다. 생필품 사재기를 하지 말고 정부가 배급제를 실시하면 적극 협조한다.

△ **민방공 경보 발령 시 행동요령**

민방공 경보는 적의 항공기나 미사일 등에 의한 공격이 예상되거나 공격 중일 때 그 사실을 국민들에게 신속히 전파하기 위한 조치다. 세 가지로 나뉜다.

우선, 경계경보는 적의 공격이 예상될 때. 사이렌으로 1분간 평탄음이 울려 퍼진다. 즉시 대피할 준비를 하고 어린이와 노약자는 미리 대피한다. 대피 시 가져갈 비상용품을 미리 준비한다. 대피 전 화재·폭발의 위험이 있는 가스와 전원을 차단한다. 화생방공격에 대비하여 방독면 등 개인보호 장비 점검한다. 영업장에서는 영업을 중단하고 손님들에게 경보를 전달하고 대피할 수 있게 안내한다.

다음으로 공습경보는 적의 공격이 임박하거나 진행 중일 때, 사이렌으로 3분간 파상음이 울려 퍼진다. 대피소나 지형지물을 이용하여 신속하고 질서 있게 대피한다. 영업장에서는 영업을 중단하고 손님들에게 대피 안내한다. 운행 차량은 공터나 도로 우측에 정차 후 대피한다. 대피시에는 화생방공격에 대비하여 보호장비를 착용하고 대피한다. 야간에는 모든 전등 소등 후 대피한다. 피소에서는 질서를 지키고 정부안내(방송)에 따라 행동한다.

마지막으로 화생방경보는 적의 화생방 공격이 있거나 예상될 때. 방독면과 보호의를 착용하거나 마스크, 손수건으로 코와 입을 막고 비닐이나 우의로 몸을 감싸 보호한다.

△ 화생방 공격 시 행동요령

크게 세 가지로 나뉜다. 화학무기 공격 시는 방독면 또는 마스크 등을 착용하고 가급적 고지대나 고층건물 실내로 대피한다. 실내에서는 외부 공기가 들어오지 않도록 출입문, 창문, 환풍기를 접착테이프 등으로 밀폐한다. 오염된 신체부위는 비누, 세제로 흐르는 물에 15분 이상 씻고, 오염된 옷은 비닐봉지에 밀봉 처리한다.

생물학무기 공격 시는 오염물질 및 환자와는 접촉하지 말고 방독면 또는 마스크를 착용하고 신속히 대피한다. 정부 안내에 따라 병원, 응급진료소 등에서 감염 여부 확인 및 예방접종 등 치료한다. 음식과 물은 15분

이상 끓여서 먹고 몸과 생활공간의 청결을 유지한다.

핵무기 공격 시는 핵무기 공격이 경보되면 신속히 지하 대피소 또는 지하시설(지하철역, 지하실 등) 깊은 곳으로 대피한다. 핵폭발 섬광을 느끼면 폭발 반대방향으로 엎드리되, 양손으로 눈과 귀를 막고 입을 벌린다. 핵폭발 이후 정부 안내에 따라 방사능 낙진 지역에서 대피하되 비닐, 우의 등으로 신체 노출을 최소화한다.

△ 적 포격 도발 시 행동요령

침착하고 신속하게 대피소로 대피한다. 아파트, 고층건물에서는 엘리베이터를 이용하지 말고 비상계단을 이용한다. 운전 중에는 차량을 도로 우측이나 공터에 정차(키는 꽂아두고)하고 대피한다. 대피소로 이동이 어려울 경우 도랑, 움푹 파인 곳 등에 최대한 엎드려 몸을 숨긴다. 어린이와 노약자는 미리 대피한다. 통신망이 마비되지 않도록 불필요한 전화 사용은 자제한다.

Liao He
Hun He
Tonghua
Anshan
Ji'an
Manp'o
Hyesan
Kanggye
Kimch'
Yalu Jiang
Sup'ung-ho
NORTH KOREA
Dandong
Sinuiju
Kusong
Yongbyon
Taedong-gang
Hanhung
Sojoson-man
P'yongyang
Wonsan
Korea Bay
Namp'o
Sariwon
Imjin-gang
P'yonggang
Changyon
Ch'orwon
Haeju
Paengnyong-do
Munsan
Ch'unch'on
Sunwi-do
Ongjin
Kaesong
SOUTH
Inch'on
Seoul
Wonju
Kyonggi-man
Han-gang
Suwon
KOREA
Ch'onan
Ch'ongju
Kum-gang
Taejon
Naktong-gang
P'o
Yellow Sea
Kunsan
Ta
Chonju
U
Kwanju
Masan
Mokp'o
Yosu

2장

한반도 전쟁 발발 가능성은

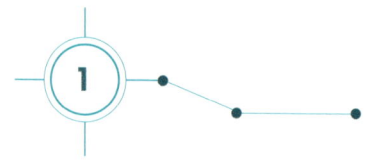

1 한반도 전쟁이 발발할 가능성

러시아와 우크라이나 간 전쟁이 3년 넘게 이어지고 중동에서도 이스라엘과 팔레스타인 무장정파 하마스의 전쟁도 4년차에 접어드는 등 곳곳에서 전쟁이 벌어지면서 국제 정세가 한 치 앞을 내다볼 수 없는 지경으로 내몰리고 있다. 이런 여파로 중국과 대만 간의 군사적 대립 고조와 한반도 내의 전쟁 발발 수위가 높아지는 악영향이 초래되고 있다.

특히 2024년에 북한이 핵·미사일 위협을 고도화하고 러시아 전쟁에 대규모 병력을 파병하고, 7차 핵실험에 나서기 위한 준비를 마치는 등 한반도 내에 군사적 긴장감이 급격하게 높아지면서 한반도에서 전쟁이 다시 발발할 가능성이 1950년 한국전쟁 이후 최고조에 달했다는 분석도 제기되고 있다.

당장 미 외교전문지 〈포린폴리시(FP)〉는 미국 싱크탱크 스팀슨센터의 로버트 매닝 선임연구원의 기고문을 게재해 한국 언론의 이목을 끌었다. 기고문에서 매닝 선임연구원은 "한반도에서 전쟁이라는 최악의 상황이 조만간 발생할 것으로 보이지는 않는다"면서 "북한이 향후 6개월에서 18개월 사이에 극적인 행동에 나설 가능성이 높다"고 전망했다.

실제로 김정은 북한 국무위원장이 핵 보유를 선언하고, 남북한을 '적대적 두 국가 관계'로 규정하는 등 심상치 않은 움직임을 보이는 게 현실이다. 매닝 연구원은 "북한의 군사력이 한국을 압도하고, 북한의 핵이 미국의 개입을 억지할 것이라고 확신한다면 김 위원장이 더 도발적인 자세를 취할 것"이라는 미국 국가정보위원회(NIC)의 보고서 내용을 소개하기도 했다.

매닝 연구원은 한국인 전문가들과 NIC의 기존 분석을 취합해 한반도 전쟁 발발 가능성이 있는 2개의 전쟁 시나리오도 제시했다. 첫 번째는 북한이 한미합동군사훈련에 반발해 연평도를 포격한 뒤 직접 병력을 상륙시키는 시나리오다. 이에 대해 한국은 공군과 해군을 동원해 북한 함정 등을 공격하고, 해병대를 연평도에 투입한다. 이 같은 공방이 이어지면서 북한이 서해상의 무인도에서 전술핵무기를 터뜨릴 수 있다고 주장했다. 다만 매닝 연구원은 이 같은 핵전쟁 시나리오가 현실화할 경우 상황 관리가 불가능할 것으로 내다봤다. 미국과 한국은 북한과 안정적인 외교·군사적 채널이 없다는 이유다.

두 번째로 한반도를 둘러싸고 대만과 한반도에서의 동시 전쟁 발발 가능성을 제시했다. 이 시나리오는 중국의 대만 침공 시 미국이 아시아의 군사력을 이 지역에 투입하는 틈을 노려 북한이 한국을 공격할 수 있다는 내용이다. 중국과 북한이 동시에 대만과 한국을 각각 침공하는 시나리오로 이 같은 상황에서는 미국과 중국이 한반도 문제를 시급하게 보지 않는다는 게 매닝 연구원의 지적이다. 미국은 우크라이나와 중동 등 다른 지역의 현안이 더 시급해 북한 문제를 소홀히 다루게 되고, 중국도 대만의 흡수 통일이 시급해 북한을 지원하며 2개의 전쟁을 동시에 펼칠 가능성이 낮다고 봤다. 미국의 한반도 대응이 분산될 가능성을 염두에 둔 전략적 전쟁 도발이라는 것이다.

이처럼 한반도 전쟁이 다시 발발할 가능성은 높아졌지만, 북한이 전면전을 감행해 실제 전쟁까지 이어지지는 않을 것이란 게 대체적인 전문가들의 분석이다. 크게 세 가지 이유에서다.

우선 한국과 북한의 상호 억지력 측면이다. 핵전쟁까지는 아니라도 재래식 기반의 전면전이 펼쳐지면 양측 모두 엄청난 경제적, 인명 피해가 예상된다. 뿐만 아니라 전쟁에 패해 정권을 내려놓는 최악의 상황을 두려워하기에 전쟁을 억제하는 중요한 요소가 된다는 것이다. 또 사실상 북한의 핵무기 보유와 대한민국과 미국의 긴밀한 군사동맹 등이 이중 억지력을 제공해 전면전을 방지할 수 있다는 것이다.

다음으로 한국과 북한은 물론 주변국(일본과 중국, 러시아)들도 한반도 전쟁으로 경제·산업망이 파괴돼 유발되는 엄청난 경제적, 인도적 대가를 치러야 하는 탓에 한반도에서의 전쟁 발생을 강하게 반대하고 국제사회도 전쟁을 방지하기 위한 국제적 노력과 압박을 가할 수밖에 없다는 것이다.

마지막으로 주변국이 외교적 채널을 가동한 중재를 통해 한국과 북한 간 대화의 물꼬를 터 남북관계의 긴장 구도는 대화로 전환될 여지가 높아 평화적 해결 방안도 마련될 수 있다는 점이다. 과거 남북 정상 간 회담을 비롯한 국제 사회를 통한 외교적 중재가 한반도의 군사적 긴장감 조성을 완화하는 효과를 거둔 사례도 많아 한국과 북한 수뇌부 간 대화 창구가 마련되면 한민족이라는 특성상 언제든 갈등을 해소할 수 있는 가능성도 높다.

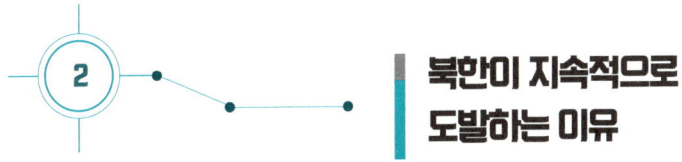

2 북한이 지속적으로 도발하는 이유

 북한이 전면전을 벌일 의지도 없고 국지전도 일으킬 의도도 없으면서 꾸준히 한반도의 군사적 긴장감을 고조하기 위한 도발을 감행하고 있다. 왜 그럴까.

 가장 직접적인 이유는 한국과의 정치, 군사적 갈등에 따른 주도권을 잡기 위한 계산된 행보라는 점이다. 다음으로는 한반도 주변 4강(미국·일본·중국·러시아)과의 외교적 문제에서 실리적 이익을 챙기기 위한 명분 쌓기와 주도권을 선점하기 위해 노림수다.

 사례별로 살펴보면 당장 2024년 10월 31일 북한은 대륙간탄도미사일(ICBM)로 추정되는 미사일 1발을 동해상으로 발사했다. 한국과 미국이 러시아의 전쟁 지원을 위해 우크라이나전 파병을 규탄한 직후에 ICBM 도발을 감행한 것이다. 북한의 ICBM 도발은 2024년 들어서 처음이었다. 2023년 12월 18일 고체연료 ICBM 화성-18형을 발사한 지 약 10개월 만이다. 탄도미사일 발사로는 9월 18일 신형 전술탄도미사일 '화성포-11다-4.5'를 쏜 지 43일 만이다.

 10개월 만의 ICBM 발사 의도는 한미 양측의 '북한 파병 규탄'에 대한 불만으로 읽힌다. 그도 그럴 것이 북한의 ICBM 발사는 한미 국방부 장관이 미국 워싱턴에서 안보협의회의(SCM)을 개최하고 북한의 러시아 파병에 대해 "한 목소리로 가장 강력히 규탄한다"고 발표한 지 다섯 시간 만에 이뤄졌다.

북한의 러시아를 위한 파병에 쏠린 국제사회의 시선을 분산시키려는 속내도 담긴 것으로 풀이된다. 다른 한편에선 미국 대선을 앞둔 시점에서 미 본토를 직접 겨냥할 수 있는 ICBM을 앞세워 존재감을 과시하려는 의도로도 해석된다. 이번 시험발사의 경우 최대 사거리를 내며 대기권 재진입 기술을 검증할 수 있는 정상각도(30~45도) 발사 대신 고각으로 발사해 수위를 조절한 측면이 있다.

일본 방위성에 따르면 북한의 ICBM은 86분간 비행했다. 2023년 7월 화성-18형 시험발사 당시 비행시간인 74분을 넘어 역대 최장시간이다. 따라서 북한이 새로운 ICBM을 시험발사한 것 아니냐는 관측이 나온다. 2024년 9월 조선중앙통신의 보도 사진을 통해 처음 공개된 신형 12축 이동식발사대(TEL)가 쓰였을 가능성도 있다. 기존 화성-18형은 9축 TEL을 이용해왔다.

2024년 10월 29일 국가정보원은 이례적으로 북한군 제11군단(일명 폭풍군단)이 2024년 12월까지 1만 900명을 러시아에 파병할 것이라는 보도자료를 내놓았다. 북한군의 이동 움직임이 담긴 증거인 위성사진까지 공개했다. 우크라이나 정부가 앞서 북한군의 파병이 임박했다고 주장했는데 국정원이 공개적으로 북한의 러시아 파병 증거를 제시하면서 전 세계의 이목이 집중됐다. 러시아와 우크라이나 전쟁에서 북한군의 파병은 전장 상황을 바꿀 수 있는 큰 변수라는 점에서 미국을 비롯해 서방 국가들은 일제히 북한을 향해 비판의 목소리를 냈다.

앞서 블라디미르 푸틴 대통령이 2024년 6월 방북 당시 북러관계를 군사동맹 수준으로 끌어올린 '포괄적 전략적 동반자 관계 조약'을 체결한 것을 근거로 북한은 수많은 포탄과 미사일에 이어 170㎜ 자주포와 240㎜ 방사포 등 장사정포까지 지원했다.

국제사회의 제재로 경제 침체 등 코너에 몰려 있는 북한이 왜 러시아 파병이라는 도발에 나선 것일까. 전문가들은 북한이 파병 대가로 북한군에게 시급한 대륙간탄도미사일(ICBM) 재진입 기술과 정찰위성 정밀도, 핵추진잠수함 기술, 5세대 최첨단 전투기 도입 등을 러시아에 요구해 한미 군당국과 비교해 뒤떨어지는 군사력을 메우겠다는 셈법에서 국제사회 비판에도 무리수를 두며 러시아를 지원한 것으로 분석하고 있다. 특히 포괄적 전략적 동반자 관계 조약을 근거로 한반도 유사시에 러시아가 자동개입하도록 명분을 쌓기 위한 속내도 내포된 것으로 보고 있다.

김정은 국무위원장은 2023년 12월 26~30일에 열린 노동당 중앙위원회 제8기 9차 전원회의 확대회의에서는 "북남관계는 더 이상 동족관계, 동질관계가 아닌 적대적인 두 국가 관계, 전쟁 중에 있는 두 교전국 관계로 완전히 고착됐다"고 밝혔다. 분단 이후 줄곧 한민족을 외쳐왔던 북한이 80여 년 만에 입장을 바꾼 것이다. 이 역시 한반도 긴장을 고조시키고 한국이 아닌, 새롭게 들어서는 미 트럼프 행정부 2기를 겨냥한 발 빠른 행보라는 분석이 나온다.

김 국무위원장은 선대 통치자들의 '통일 유훈'까지 부정해가며 헌법에서 '통일 목표'를 빼고 영토 조항을 넣었다. 이 같은 물리적 단절 방침에 따라 북한은 비무장지대(DMZ) 북쪽에 수만 발의 지뢰를 매설하고 남북을 연결했던 철도와 도로 등 모든 육로를 끊어버렸다. 지난 10월에는 경의선·동해선 도로 '폭파 쇼'를 통해 남북관계 단절 의지를 대내외에 과시하는 연출도 했다.

여기에 더해 북한은 수천 명의 군 병력을 동원해 군사분계선(MDL)을 따라 방벽과 철조망을 세우고 전체 40㎞에 달하는 일부 구간에는 전기 철책까지 추가로 설치했다.

이렇게 적대적 2국가론을 주장하며 남북 간 단절 도발을 강행한 배경은 남북관계 유지로 더는 얻을 게 없다는 판단과 함께 주민의 탈북을 막고 내부 결속을 다지는 의도가 담긴 것으로 보인다. 무엇보다 트럼프 행정부 2기 출범 후 북한이 미국과 대화에 나서기 위한 주도권을 선점하는 차원에서 남한을 패싱하는 이른바 '통미배남' 정책의 일환으로 읽힌다.

북한이 지난 5월부터 2024년 한 해 동안 32차례에 걸친 오물·쓰레기 풍선 발사와 접경지역의 대남 방송을 지금까지 이어오고 있다. 남한으로 날아온 7,000여 개의 오물·쓰레기 풍선은 우리 국민의 불안과 함께 인적·물적 피해를 발생시켰다.

이 역시 도발 의도로 살펴봐야 할 대목이다. 한국 내에선 오물·쓰레기 풍선을 두고 더 강력하게 대응해야 한다는 의견과 북한을 자극해 시민의 생명을 위협할 수 있는 대북 전단을 금지해야 한다는 입장이 강하게 충돌하고 있다. 북한이 노리는 남남갈등 속셈이 어느 정도 먹혀든 것이다.

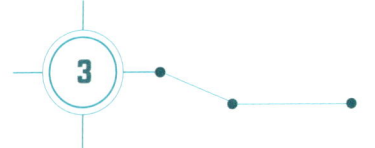

북러 조약과 한반도 도발의 연관성

　북한과 러시아가 2024년 6월 체결한 '포괄적 전략적 동반자 관계에 관한 조약'의 비준서에 서명하고 상호 교환했다. 이에 따라 북한과 러시아 사이에서 4일부터 새 조약의 공식 효력이 발생했다. 지난 2000년 2월 체결된 '친선·선린 및 협조에 관한 조약'은 효력을 상실하게 됐다. 새로운 북러 조약은 군사 협력의 폭을 넓혀 '군사 동맹' 수준으로 양국관계를 격상하는 내용을 담고 있다.

　이 협정 제4조에 따르면 "쌍방 중 어느 일방이 개별적인 국가 또는 여러 국가들로부터 무력침공을 받아 전쟁상태에 처하게 되는 경우 타방은 유엔헌장 제51조와 조선민주주의인민공화국과 러시아연방의 법에 준하여 지체 없이 자기가 보유하고 있는 모든 수단으로 군사적 및 기타 원조를 제공한다"고 명시했다.

　국제사회의 눈을 의식해 유엔헌장 51조와 양국 국내법을 언급했지만 북한이 옛 소련과 1961년에 체결한 '우호협조 및 상호원조에 관한 조약'에 담겨 있다가 소련 해체 후인 1996년에 폐기됐던 자동군사개입 조항이 사실상 부활한 것이다. 최근 북한의 러시아 대규모 파병과 무기 지원

역시 이 조약 이행 차원에서 이뤄진 것으로 볼 수 있다.

게다가 지난 2000년도에 체결했던 이전 조약은 국제정세 등을 고려해 유사시 자동개입이 아닌 유사시 협의의무 정도까지만 담았는데, 이제는 조약에 명시해서 자동개입을 명문화해 한미 군당국이 긴장할 수밖에 없다. 이전 조약보다 비교적 신속하게 처리된 것도 이례적이다. 2000년 당시 체결된 '친선·선린 및 협조에 관한 조약'은 북러가 제각기 비준 후 약 3개월이 지나서 공식 발효됐다. 이는 북러 관계가 상당히 밀월관계에 있다는 방증으로, 당장은 우크라이나와 전쟁으로 급한 러시아가 북한의 지원이 더 필요할 수 있지만 장기적으로는 한반도 내에 북한의 외교적 입지가 강화됐다는 분석이 나온다.

눈여겨볼 대목은 북한과 러시아가 이번에 체결한 조약은 1961년 북한과 중국이 체결한 '조중 우호협력 및 상호원조조약(북중 조약)'에 나온 문구와도 유사하다. 북중 조약 제2조는 "체약 일방이 어떠한 한 개의 국가 또는 몇 개 국가들의 연합으로부터 무력 침공을 당함으로써 전쟁 상태에 처하게 되는 경우에 체약 상대방은 모든 힘을 다하여 지체 없이 군사적 및 기타 원조를 제공한다"고 명시하고 있다.

북중 조약은 지금까지 폐기되지 않았지만 사실상 사문화됐다는 평가를 받고 있었다. 이런 상황에서 북한과 러시아가 유사한 자동군사개입 조항이 포함된 조약을 체결한 것이라 주목된다.

러시아 전문가들은 "사실상 북러 동맹의 복원이라고 봐야 하고 한반도 유사시 러시아가 자동으로 군사개입할 길이 열린 것"이라며 "최악의 상황으로 러시아보다는 북한이 러시아를 뒷배로 한반도 내에 군사적 긴장 고조나 무력 감행에 제약 없이 나설 수 있어 더 유리한 조약으로 볼 수 있다"고 평가했다.

  이처럼 유사시 소련의 군사적 자동개입을 명시한 북러 조약은 한 국가가 다른 나라의 무력공격으로 위협을 받을 때 다른 당사국은 자국의 위험으로 인식하고 위험에 대처하기 위해 행동할 것을 명시한 '한미상호방위조약'과 동일시될 수 있다.

  이 때문에 북한의 무력 도발 감행이 빈번해질 것이라는 우려가 나오고 있다. 일종의 '도발 면허증'처럼 러시아의 군사 동맹을 북미 또는 남북관계 설정에서 주도권을 잡기 위한 수단으로 활용할 수 있다는 분석이다.

  이에 따라 사문화된 것으로 여겨지는 북중 조약에 밀월관계로 접어든 북러 조약까지 고려해서, 한미 군 당국은 한반도 유사시를 대비한 대북 대비태세를 기존보다 더욱 확장해 새로운 작전계획을 수립해야 한다는 목소리에 힘이 실리고 있다. 물론 한미연합군 사령부의 현재 작전계획에는 중국과 러시아 등 제3국 개입 상황에 대비하여 방어적 대북 대비태세와 응징할 수 있는 반격작전 등도 포함된 것으로 알려졌다.

  지금까지 우리 군은 한반도 유사시 중국군의 개입을 가장 민감한 문제로 여기고 이를 차단하는 것을 중요한 과제로 삼아왔다. 북한이 옛 소련과 체결한 조약은 폐기됐지만 북중 조약은 폐기되지 않았기 때문이기도 하다. 하지만 이제는 러시아의 개입 상황에 대비한 시나리오도 더 발전시켜야 할 과제를 안게 된 셈이다.

  일각에서는 북한과 러시아가 이번 조약을 체결하더라도 운용하는 과정에서 정세판단 등이 필요한 만큼 주한미군의 존재로 유사시 미국의 자동군사개입이 불가피한 한미상호방위조약보다는 실행 강제력이 작다는 분석도 제기한다.

다행스러운 점도 있다. 북한과 중국은 2024년 수교 75주년을 맞아 '조중(북중) 우호의 해'로 정했지만 오히려 관계가 예전만 못한 분위기가 역력하다는 점이다. 북러가 군사동맹에 준하는 포괄적인 전략동반자 관계 조약을 체결하며 초밀착하는 것과 달리, 북중은 수교 75주년에 걸맞지 않게 고위급 교류도 뜸한 모습이다.

최근에는 중국 정부가 자국에 파견된 북한 노동자를 전원 귀국시키라고 북한에 여러 차례 요구한 것으로 알려져 북중 관계가 점점 더 멀어지는 것 아니냐는 관측도 나온다. 미국과의 관계를 우선적으로 고려해야 하는 중국으로서는 러시아와 불법적인 군사교류를 하는 북한과 거리를 두는 것이 국익에 더 유리하다는 판단으로 보인다. 이에 북한 또한 이런 중국의 태도에 불만을 갖고 있어 양측의 관계가 점증적으로 소홀해지고 있는 분위기다.

이는 한반도 유사시 북중을 무시하고 북러 간 군사동맹만 고려한 작전계획으로 대처하면 돼, 한미 군 당국으로선 상당한 부담을 덜게 됐다는 평가가 나온다.

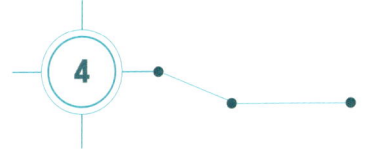

전쟁 발발 시 세계 경제에 미치는 영향

한반도에서 전쟁이 발발할 경우 세계에는 어떤 영향을 미칠까. 남북한이 궤멸적인 피해를 입을 뿐만 아니라 세계 경제에도 큰 타격을 줄 것이라는 연구 결과가 나왔다. 수백만 명이 사망하고 피해 규모도 수조 달러에 달하는 것으로 추산됐다. 남북한이 전쟁을 벌일 가능성은 매우 낮지만 혹시라도 전면전이 발발한다면 공포스러운 인명 피해와 천문학적 재산 피해가 불가피한 것으로 조사됐다.

블룸버그 그룹의 글로벌 경제분석기관 블룸버그 이코노믹스는 다양한 변수를 복합적으로 반영할 수 있는 집합 모델 분석을 활용해 한반도 전면전 가능성과 그 피해 상황을 예측했다. 이 예측에 따르면 한반도에서 남북한이 전면전을 벌일 확률은 매우 낮게 조사됐다. 하지만 가능성이 '제로(0)'는 아니다. 한국은 지정학적 단층선 위에 세워진 반도체 주요 생산국으로, 만약 전쟁이 빌발한다면 인적·경제적 손실은 막대할 것이라고 분석했다.

전쟁 첫해에만 글로벌 국내총생산(GDP)이 3.9% 감소하고 반도체를 비롯한 주요 공급망에도 큰 차질이 생겨 전 세계가 경기침체에 빠질 것

으로 전망됐다. 우크라이나 전쟁으로 발생한 피해 규모의 2배가 넘는 수준이다. 한반도가 지정학적 또는 경제적 위상이 훨씬 높아 전쟁이 발발하면 세계 경제에 더 막대한 피해를 줄 수 있다는 의미다.

이번 분석은 2024년 6월 블라디미르 푸틴 러시아 대통령이 24년 만에 북한을 방문해 김정은 국무위원장과 만나면서 냉전 시대의 파트너십이 부활하고 새로운 방위 협정이 체결돼 세계에 또 다른 위험도 추가되었다고 설명한다.

일각에서는 이 같은 피해 규모 추산은 주요 공급망에 대한 한국의 중요성을 감안하면 과소평가되었다는 지적도 나온다. 북한 방사포 사정권인 한국 수도권에는 한국 인구의 약 절반인 2,600만 명이 거주하며 한국 반도체 생산의 81%, 전체 제조업 생산의 34%를 담당한다. 생산된 제품은 세계에서 네 번째로 바쁜 부산항을 비롯해 여러 항구를 통해 중국, 일본, 유럽, 미국에 수출된다.

여기에 시가총액 기준 세계 30대 기업에 속하는 삼성전자는 전 세계 D램 반도체의 41%, 낸드 메모리의 33%를 생산한다. 이 제품은 애플부터 베스트바이, 버라이즌, 퀄컴, 마이크로소프트(MS) 등 미국 기업과 샤오미와 같은 중국 기업, 도이체텔레콤 같은 독일 기업 등을 주요 고객으로 두고 있어 연쇄적으로 이들 기업에 상당한 악영향을 초래해 전쟁 발발 시 예측치보다 더 큰 피해와 세계 경제에 상당한 악영향을 미칠 수 있다고 지적한다.

게다가 전쟁이 발발하면 미국과 중국은 각각 남한, 북한 쪽에 설 것으로, 블룸버그는 양대 세계 경제 강대국 간 무역에 새로운 장애물이 발생하고 세계 시장이 폭락할 것이라고 예측했다.

이 같은 연구 결과와 관련해 2009년부터 2011년까지 한국의 핵 특사를 역임한 위성락 더불어민주당 의원은 "앞으로 몇 년간 한반도에서 교전이 일어날 가능성은 약 30%도 안 되겠지만 만약 남북한의 무력 충돌이 발생하면 더 큰 형태로 확대될 가능성이 높다"고 평가했다.

특히 김정은 국무위원장은 체제에 대한 실존적 위협을 느끼면 핵 공격을 감행할 수도 있다. 2023년 한국국방연구원(KIDA) 연구에 따르면 북한은 한국, 일본 심지어 미국에 대해서도 핵 공격을 할 수 있는 80~90개의 탄두를 보유하고 있는 것으로 추정됐다. 이에 한반도 유사시 재래식 전쟁이 핵전쟁으로 확산될 경우 세계 경제의 피해 규모는 더욱 확대될 수 있는 것이다.

이처럼 한국과 북한의 전면전 발생 시 한국 경제도 곧바로 산업 생산과 수출이 타격을 받아 37.5%가량 크게 위축될 것으로 전망됐다. 이 여

파로 주변국인 중국도 반도체 공급 부족과 미국과의 무역 감소 등의 영향으로 GDP가 5% 감소하고, 미국 역시 반도체 부족과 시장 급락 여파로 GDP의 2.3%가 줄어드는 타격을 입게 될 것으로 추정됐다. 아울러 한국 반도체에 많이 의존하면서 해상 물류 교란에 취약한 동남아와 대만, 일본 등도 타격을 입어 전 세계적으로 보면 3.9%가 증발할 것으로 예상했다.

다만 블룸버그는 남북 간 전면전이 발생할 가능성을 '매우 낮은 확률'이라고 추정했다. 이보다 북한 체제 붕괴 가능성이 '낮은 확률'로 조사돼 전면전 가능성보다 더 높다고 예상했다. 특히 트럼프 행정부 2기가 출범해 세계경제의 불안정성은 더욱 커질 것으로 내다봤다.

5. 한반도에서 전쟁이 발발한다면 신속한 해법은

한반도 유사시 북한의 군사적 위협을 차단하고 전쟁을 가장 신속하게 해결하는 방안으로 북한군 지휘부 참수작전 즉, 북한의 최고 존엄 '김정은 제거론'이 가장 주목받고 있다. 북한의 도발 원점 즉시 타격, 한반도 전술핵 재배치, 한국군 자체 핵무장론 등도 나오지만 전쟁 발발 시 김정은과 북한군 수뇌부 세력을 직접 제거하는 작전이 가장 효과적이라는 주장이다.

전직 정보기관의 한 관계자의 제안은 상당히 설득력이 있다. 그는 "긴박하게 터진 전쟁의 경우 비핵국가가 핵국가에 대항하려면 상대방이 핵 발사 버튼을 누르기 전에 적의 지휘부를 무력화시키는 능력을 보유하는 것이 가장 중요하다"고 귀띔했다.

실제로 지난 2023년 말 당시 신원식 국방부 장관은 북한의 도발 확대 움직임에 '참수(斬首)'라는 용어를 꺼내며 가장 효과적인 방법을 제시했다. 신 장관은 한 방송에 출연해 '(한반도 위기 시)김정은이 가장 두려워한다는 참수작전이나 전략자산 추가 전개를 할 수 있느냐'는 질문에 "참수(작전 훈련)에 대해서 공개적으로 말씀드리기 어렵지만 두 가지 옵션을 고려하고 있다"며 "위험 부담이 상당히 큰 만큼 적극 고려 사안은 아니지만 우리 군은 전시는 물론 평시에도 김정은 제거 작전을 수행할 전력을 보유하고 있다"고 밝히며 군 지휘계통으로 명령만 떨어지면 언제든 북한의 '지휘부 제거'나 '지휘부 무력화'가 가능하다고 자신했다. 전시 상황에서 김정은 등 북한 지도부 제거 임무를 수행하는 곳은 지난 2017년 12월 1일 출범한 특수전사령부의 제13특수임무여단, 일명 '참수작전' 부대다. 1,000명 안팎으로 알려진 이들 특수요원은 전시에 수중 및 지상 공동작전이 가능한 소총과 특수수송헬기, 폭파 장비, 특수무기 등을 이용해서 북한 지도부를 제거하는 작전을 수행한다고 전해졌다.

평시에 제거 작전을 수행하는 또 다른 특수부대도 있는 것으로 알려졌는데, 이곳은 철저히 베일에 싸여 있다. 특전사가 특수작전부대라면 이곳은 비밀작전부대다. 규모는 대령급 부대 기준, 특전사의 두 배 이상인 병력을 보유한 것으로 전해졌다.

한 정보기관의 전직 고위 관계자는 "전시에 제거 작전을 수행하는 특전사와 달리 평시에도 제거 작전을 수행할 수 있는 비밀작전부대"라며 "침투와 교란, 폭파, 암살, 납치, 공작 등 군사작전 및 흑색작전(Black operation·대외적으로 외교적, 국제법상 마찰이 일어나는 상황을 회피하기 위해 공식적으로는 인정·인증되지 않는 비밀 작전)에 특화된 부대"라고 전했다.

이들 특수부대의 물리적 전력 사용에 앞서 휴민트(HUMINT·인간정보)를 통한 '특수공작' 역량이 이들의 성공 여부를 결정하는 핵심 자산이다. 군 소식통은 "전면전은 전비(戰費) 소요, 인명 피해 등 손실이 너무 크기 때문에 전쟁 가능성을 차단하면서 북핵 위협에 적극 대비하기 위해서는 평시에 작전적으로 활용할 수 있는 특수공작 역량이 필수"라며 "이 비밀

작전부대 공작요원은 미국의 정보지원단(ISA)과 CIA의 특수공작단(SOG)과 같은 역할을 한다"고 말했다.

실제 ISA는 오사마 빈 라덴 제거 작전의 주역인 합동특수전사령부(JSOC) 산하 비밀정보부대다. 당시 작전에서 JSOC의 '눈과 귀' 역할을 했던 것으로 알려졌다. SOG는 CIA 내 준(準) 군사부서인 비밀공작국(SAC) 예하 단체로 냉전 시대부터 제3세계권에서 각종 쿠데타를 유도하는 것을 비롯해 요인 체포와 암살 등의 업무를 담당해오고 있다.

평시에 김정은을 포함한 북한군 수뇌부 제거 작전은 '전쟁 방지'와 '통일'에 방점이 찍혀 있다면, 전시에 김정은 제거 작전은 '전승(戰勝)'을 목표로 하기 때문에 가장 빠르게 한반도 내 전쟁을 중단할 수 있는 해법이 될 수 있다.

이때 제거 방법은 극비(極祕)다. 또 다른 군 소식통에 따르면 북한·러시아 장비를 이용해 북한 내부 소행으로 완벽히 위장할 수 있는 전략과 전력도 보유한 것으로 알려졌다. 가령 러시아산 인명 살상용 화학무기를 사용하고 출발 지점이 모호한 무인기 공격 등을 활용해 혼선을 주는 작전이다.

여기에 김정은의 위치를 제대로 파악하고 본격적인 잠입작전이 이뤄지기 위해서 내부 협조자 포섭은 필수다. 한국의 수도방위사령부에 해당하는 평양방어사령부와 김정은의 신변을 경호하는 호위사령부를 뚫고 가기가 쉽지 않기 때문이다.

일각에서는 막상 김정은 제거 후 북한을 통치할 대안이 부재하다는 지적도 있다. 김정은을 '핀셋 제거'한 후 개혁세력이 집권하면 이상적이지만, 강경파 군부 등이 핵무력으로 보복에 나설 수도 있고 김정은 제거 후 북한 권력을 장악할 민주화 대안 세력이 불분명하다는 우려도 상존한다. 월레스 그렉슨 전 미 국방부 차관보는 "김정은 제거 후 만일 김여정이 권력을 승계받는다면 과연 실익이 있다고 볼 수 있겠느냐"며 "또 김정은 제거로 중국이 한반도에 직접 개입할 빌미를 줄 수 있다는 점도 유념해야 한다"고 지적했다. 오히려 북한 내에 친중 정권이 수립돼 한반도 평화체계 구축을 저해할 가능성도 무시할 수 없다는 것이다. 이땐 중국과 더 큰 전쟁을 치를 수도 있다.

6 전쟁 발발을 차단하기 위한 선결 과제

한반도에서 전쟁 발발을 차단하기 위한 가장 중요한 요건은 비핵화다. 현재 한국에는 핵무기가 없고 미국의 핵무기도 한반도에서 철수했다. 한반도에 남은 핵무기는 북한의 핵무기 외에는 없다. 따라서 북한만 핵을 폐기하면 한반도 비핵화는 완성돼 군사적 위기감이 낮아지고 핵을 둘러싼 한반도 주변 4강의 정치, 외교적 개입도 사라져 항구적인 한반도 평화 구축 모드를 조성할 기반을 마련할 수 있다.

그러나 북한을 차치하고 당장 미국과 한국 정부가 정권이 교체될 때마다 비핵화 개념에 대한 엇갈린 입장을 드러내며 오히려 비핵화 문제를 두고 북한에게 주도권을 뺏겨서 끌려 다니고 있다는 지적이 나온다.

당장 미국 워싱턴서 열린 한미 안보협의회의(SCM) 공동성명에서 9년 만에 빠진 '북한의 완전한 비핵화' 문구가 하루 뒤인 지난 2024년 10월 31일(현지 시간) 양국 외교·국방 장관 회의 공동성명에는 "한반도 비핵화" 표현으로 담기면서 논란이 일었다. 이날 50여 분간 이어진 '한미 외교·국방(2+2) 장관 회의' 기자회견에서도 한국 측은 '북한 비핵화'를 강조한 반면 미국 측은 '한반도 비핵화'를 줄곧 사용하며 뚜렷한 입장차를 보였다.

미국 측은 기자회견 모두 발언에서도 비핵화를 언급하지 않았다. 기자회견에서 관련 질문을 받은 토니 블링컨 국무장관이 "한반도의 완전한 비핵화라는 미국의 정책은 유지된다"고 짧게 답한 게 전부였다. 미국은 2023년 캠프 데이비드 공동성명과 같은 해 열린 SCM 공동성명에서도 '북한의 완전한 비핵화'를 지지했다.

비핵화 대상으로 북한을 명시하는 '북한 비핵화'는 '한반도 비핵화'와 다르게 북한을 정확히 겨냥해 완전한 핵 포기 의미를 담고 있다. 윤석열 정부는 출범 후 문재인 정부가 사용한 한반도 비핵화 대신 북한 비핵화를 공식적으로 사용해오고 있다. 그러나 이런 한국의 기조와 달리 미국에서는 비핵화가 현실적으로 달성하기 어렵다며 '비확산' 쪽으로 무게추가 바뀐 모습을 보이고 있는 것이다.

비핵화의 정의(定義)에 대한 논란은 문재인 정부 시절에도 있었다. 토니 블링컨 미 국무장관을 비롯한 바이든 행정부 인사들은 '북한 비핵화'라는 표현을 공개적 자리에서 자주 사용했다. 2021년 '한미 외교·국방(2+2) 장관 회의'에서는 "한국과 일본을 포함한 다른 동맹국, 파트너들과 '북한의 비핵화'를 위해 계속 함께 노력할 것"이라고 했다. 이에 대해 당시 정의용 외교부 장관은 공동기자회견에서 블링컨 장관을 옆에 두고 "한반도 비핵화가 올바른 표현"이라고 말해 논란에 불을 붙였다.

비핵화의 대상과 정의에 대한 논쟁의 시발점은 북핵 문제가 처음 불거진 1990년대 초반으로 거슬러 올라간다. 현재 유엔(UN) 문서 등에 사용하는 공식적인 표현은 '한반도 비핵화'다. 북한과의 각종 공식 합의문서에도 그렇게 명시돼 있기 때문이다. 미국은 당초 북한과의 모든 합의문에서 '북한의 완전한 비핵화' 표현을 넣고 싶었다. 하지만 북한은 이 용어를 받아들이지 않았다. 따라서 '한반도 비핵화'라는 표현은 북한과 합의를 이뤄내고자 유리하게 해석이 가능한, 외교적 타협의 결과다. 미국은 "한반도 비핵화라는 표현은 곧 북한 비핵화를 의미한다"고 말한다. '한반도 비핵화라고 쓰고 북한 비핵화라고 읽는' 것이다.

반면 북한이 생각하는 한반도 비핵화의 정의는 다르다. 한반도 비핵화에는 '미국의 핵위협 제거'까지 포함되어야 한다는 것이 북한의 입장이다. 한국에 대한 미국의 확장억제력(핵우산) 제공이나 미국의 전략자산 한반도 전개 등도 없어져야 핵을 포기할 수 있다는 주장이다. 한 발 더 나아가 핵우산 철폐와 주한미군 철수까지 주장할 명분과 근거를 남겨두기 위한 사전 포석으로 볼 수 있다.

한반도 비핵화라는 표현이 처음 나온 것은 30년 전이다. 노태우 정부인 1991년 미국의 전술핵이 한반도에서 철수했고 남한 땅에는 더 이상 핵이 없다는 '핵부재 선언'을 했다. 북한의 핵 포기를 이끌어내기 위한 선제적이고 일방적인 선언이다. 이에 기초해 남북 양측은 같은 해 12월 5개항으로 이뤄진 '한반도의 비핵화에 관한 공동선언'에 합의했다.

남북은 합의문에서 "한반도를 비핵화함으로써 핵전쟁 위험을 제거하고 우리나라의 평화와 평화통일에 유리한 조건과 환경을 조성하기로 했다. 이를 위해 남과 북은 핵무기 실험·제조·생산·접수·보유·저장·배비·사용을 하지 않고 핵 재처리 시설과 우라늄 농축시설을 보유하지 않기로 했다"고 명시했다. 이 합의가 이뤄진 배경에는 미국이 있었다. 당시 미국은 북한의 핵무장은 물론 한국의 핵개발도 우려하고 있었기 때문에 이 합의를 적극 지지했다. 그러나 북한이 핵확산금지조약(NPT) 탈퇴를 선언하고 본격적으로 북핵 위기가 시작되면서 한반도의 비핵화 선언은 흔들리기 시작했다.

이에 미국은 북한과 직접 협상에 나섰다. 1994년 북·미 제네바 기본 합의를 통해 '비핵화된 한반도(nuclear-free Korean peninsula)의 평화와 안전을 이루기 위해'라는 표현을 담았다. 당시 정부는 비공식 번역에서 'nuclear-free Korean peninsula'를 '비핵화된 한반도'라고 했지만, 실제 의미는 '핵 없는 한반도'에 가까운 의미다. 핵무기뿐 아니라 핵 위협도 없어져야 한다는 뜻을 담은 것으로 해석할 수 있기 때문에 북한의 입장에서는 매우 유리한 표현인 셈이다.

결국 30여 년 동안 한미가 원하는 '북한의 비핵화'는 이뤄지지 않고 북한의 뜻대로 '한반도 비핵화'라는 개념이 여전히 적용되고 있다. 한국에 대한 미국의 핵우산을 철폐하고 미국 핵전력의 보호를 받는 주한미군을 철수하라는 북한의 주장에 끌려 다니는 상황이다. 이 때문에 한반도의 전쟁 발발의 가장 위험 요인이자 차단 선결 과제인 완전한 비핵화에 합의하지 못하는 실정이다.

7 전쟁은 김정은의 오판으로 시작된다

 북한은 32차례에 걸쳐 오물·쓰레기 풍선을 남한으로 날려보내 용산 대통령실 인근에까지 떨어지는 도발을 감행했다. 북한이 마음만 먹으면 풍선을 이용해 대한민국의 심장부를 화생방으로 공격할 수 있게 풍속과 풍향 데이터를 수집한 것이 아닌지 의구심이 든다. 또 오물·쓰레기 풍선을 이용해 남남갈등을 부추기며 도발의 명분을 쌓겠다는 게 북한의 또 다른 속내일 것이다.

김여정 노동당 부부장이 한국을 향한 대응 수위를 한층 높이겠다고 밝히면서 풍선 전쟁을 도발과 확전의 계기로 삼을 가능성이 있다는 우려도 나온다. 일각에서는 한국의 대북 전단 살포 원점을 북한이 총격이나 포격해 한반도의 군사적 긴장감을 최고로 끌어 올릴 수 있다는 예측도 내놓는다.

상황은 더욱 복잡해져 북한의 오물 풍선 살포에 우리 군은 대북 확성기 방송으로 대응하고 나섰다. 2015년 8월 '목함지뢰 사건'이 발생했을 때 한국이 확성기 방송을 하자 북한은 광적인 반응을 보였다. 대북 방송 재개는 그만큼 북한에는 아킬레스건인데 이를 건드린 것이다. 여기에 2022년 9월 '선제 핵무기 공격'을 헌법에 명문화하며 핵무기 사용을 법제화하고 2024년 1월에는 '적대적 두 국가'라고 선언하며 선대의 유훈인 '통일'까지 포기하는 통일정책 폐지를 밀어붙였다.

이 같은 비정상적 행태는 북한의 무력 도발이 임박했음을 암시하는 것으로 볼 수 있다. 특히 러시아의 전쟁을 지원하기 위한 대규모 병력을 파병하는 등 불안정한 국내외 정세 속에 북한이 잘못된 인식을 할 요소가 다분해, 북한의 최고 존엄인 김정은 국무위원장이 오관해서 전쟁을 결심하지 않을까 하는 우려가 커지고 있다.

북한의 비대칭전력 강화 움직임도 김정은의 오관에 일조할 우려스러운 대목이다. 재래식 무기만 놓고 보면 힘의 균형은 한미 연합세력이 우세하다. 그러나 북한이 핵과 미사일 능력을 고도화하며 힘의 균형이 깨지고 있다. 한미가 미국의 핵을 적극 활용하는 확장 억제 정책을 마련한 이유도 북한 김정은의 오관으로 초래될 무리한 무력 도발 때문이다. 한미는 2023년부터 핵 억제 능력의 실효성을 높이기 위해 '확장억제전략

협의체(EDSCG)'와 '핵협의그룹(NCG)'을 구성했다. 2024년 7월에는 최초로 문서화된 '핵 공동지침'까지 마련했다. 이를 통해 미 전략자산의 한반도 전개 빈도를 높이고 핵과 재래식 무기를 통합 운용해 북한의 핵 도발을 억제하겠다는 방침이다.

하지만 이 같은 한미 핵협의 공조와 관련한 효용성에 대한 의문은 끊이지 않는다. 미국이 제2차 세계대전 이후 고수해온 '단일 권한' 원칙 때문이다. 이 원칙에 의해 미 핵무기 사용 승인 권한은 오직 미 대통령에게 있다. 미 전략자산과 전술핵을 한반도에 배치해도 신속하고 단호하게 응징하기 어려울 수 있다는 현실을 북한도 꿰뚫고 있어 자칫 북한의 오판에 일조할 수 있다는 우려다.

무엇보다 미국은 6·25전쟁 정전 이후 '한반도의 현상 유지 정책'을 추구하고 있다. 경찰국가 미국이 경제적 부담을 줄이기 위한 방편에서 비롯한다. 이 때문에 70년이 넘는 세월 동안 북한이 자행한 3,000번이 넘는 도발에 단 한 번도 단호한 대응이 없었다. 심지어 1·21사태, 천안함 폭침, 연평도 포격전과 같은 전쟁 수준 도발도 모두 한미 군 당국은 '참고' 넘어갔다. 이에 북한에 잘못된 인식을 심어줬고, 한미 동맹의 막강한 힘에 도발을 서슴지 않을 수 있다는 관측이 나오고 있다. 게다가 온갖 국제사회의 제재에도 불구하고 사실상 핵무기를 개발해 보유하고 있어 이제는 '인내' 정책만으로는 북한의 도발을 막을 수 없는 지경이다.

북한의 러시아 파병은 북한 리스크를 얕잡아본 서방이 불시에 중대 위협에 직면하게 됐다는 자성이 제기되는데, 이를 두고 일각에서는 김정은이 전쟁을 결심했다는 분석을 내놓고 있다.

〈파이낸셜타임스(FT)〉는 러시아와 북한, 이란, 중국 등 새로 구축된

'악의 축' 가운데 북한이 가장 낮은 주목을 받아왔다면서 "김정은의 우크라이나전 파병은 북한의 위험스러운 전환을 선명하게 보여준다"며 북한 정권 체제를 위협할 경우 전쟁도 서슴지 않을 것이라는 분석 보도를 냈다.

심지어 〈FT〉는 북한 전문가인 로버트 칼린 미들베리 국제연구소 연구원 및 시그프리드 헤커 스탠퍼드대 명예교수를 인용해 "김정은이 전쟁을 결심한 전략적 결정을 내렸다"며 "김정은이 한미 밀착 속에 미국과 관계 개선이라는 목표를 폐기했고 그의 최근 언행을 보면 핵을 포함한 군사적 해법으로 도발하기 위해 다가가고 있다"고 경고했다.

이에 전문가들은 북한의 비정상적인 오판에 따른 전쟁을 막을 수 있도록 강경한 입장을 취해야 한다고 강조한다. 북한, 즉 김정은에게 무력 도발하면 기필코 정권을 말살하겠다는 단호한 의지를 보여주고 그에 걸맞는 군사력을 과시해야 한다고 조언한다. 당장 북한의 핵·미사일 위협을 작전계획과 연합훈련에 반영해 실전적인 대비 태세를 갖추고 여차하면 핵을 사용할 수 있는 능력을 보다 구체적으로 과시해야 한다고 지적한다. 이를 위해 당장 한국군 자체 핵무기 보유가 어렵다면 우라늄 재처리 등 잠재적인 핵보유 역량을 강화해나가고 북한의 핵무력에 대한 강력한 억제력과 북한의 도발을 완벽하게 제거할 수 있는 응징력 등도 공개해야 김정은의 무리한 오판을 차단할 수 있다고 강조한다.

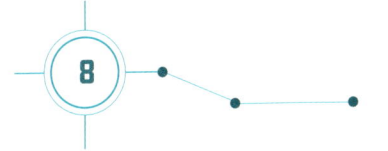

한반도 전쟁에 투입될 미국 전략무기

　북한이 무력 도발로 한반도에서 전쟁을 일으킨다면 가장 먼저 한반도에 투입되는 미국의 전략무기는 김정은 북한 국무위원장이 가장 두려워하는 'B-52'와 'B-2' 같은 전략폭격기다. 미국의 3대 핵전략 자산은 장거리 폭격기(B-52H·B-2A)와 대륙간탄도미사일(ICBM), 전략핵잠수함(SSBN)을 말한다.

　미국은 핵무기 탑재가 가능한 전략폭격기 B-52H(스트래토포트리스) 46대, 역시 핵무기 탑재가 가능한 B-2A(스피릿) 20대를 보유하고 있다. 1960년대 초반에 배치된 B-52는 미 공군이 현재 운용 중인 폭격기 중 가장 오래된 기종이다. 미 공군은 B-52H의 성능개량을 추진해 B-52J로 2050년까지 운영할 계획이다. 실전에서 보여준 탁월한 성능과 저렴한 운영비 때문이다. 전략목표 타격과 근접 공중 지원, 공중 요격, 대공 및 해상 작전 등 다양한 임무를 수행할 수 있다. 1991년 걸프전 당시 미군을 중심으로 한 연합군의 바그다드 공습 작전(사막의 폭풍) 때 연합군이 투하한 무기의 40%를 수송했다.

　한번 출격하면 공중급유를 받지 않고 1만 4,000㎞ 이상을 비행한다.

1996년 9월 바그다드 공격 때는 미국 루이지애나 박스데일 공군기지에서 출격해 34시간, 2만 5,000㎞를 왕복 비행해 전투 임무를 위한 최장 비행거리 기록을 보유하고 있다. 만재중량이 120t인 B-52H는 순항속도 819㎞(최고속도 1,050㎞), 실용 상승한도 1만 5,000m에 이른다. 항속거리도 1만 6,327㎞, 작전반경은 1만 4,200㎞에 달해 '하늘의 요새'로 불린다.

주목할 점은 B-52H는 핵탄두 적재가 가능한 AGM-129 순항미사일(12발)과 AGM-86A 순항미사일(20발)과 함께 재래식 탄두를 장착한 AGM-84 하푼 공대함 미사일(8발), AGM-142 랩터 지대지 미사일(4발), JDAM(12발) 등과 함께 500파운드와 1,000파운드 무게의 재래식 폭탄 81발, GPS형 관성유도 폭탄(JSOW) 12발 등 모두 32톤의 무기를 적재할 수 있다. 성능개량이 이뤄지면 날개 하단에 싣는 폭탄을 제거해 연료 효율성이 높아지게 된다. 연료는 덜 쓰면서도 장착량은 훨씬 많아져 '슈퍼 폭격기'로 재탄생하는 것이다

미 국방부는 2020년 중반부터 B-2A를 차세대 전략폭격기인 B-21 레이더(Raider·습격자)로 교체할 예정이다. 신형 장거리 스탠드오프(LRSO) 순항미사일과 재래식 폭탄 등을 탑재하고, 자체 방어용으로 첨단 능동전자주사식 위상배열(AESA) 레이더와 공대공 미사일도 장착할 것으로 알려졌다.

B-2 스피릿은 미국 최초의 스텔스 전략 폭격기이다. 꼬리 없는 디자인은 항공기의 레이더 시그니처(radar signature)를 최소화해, 만약 핵 전쟁이 벌어지면 소련 방공망을 뚫을 수 있도록 특별히 제작됐다. B-2는 B61 핵중력폭탄(nuclear gravity bombs)부터 재래식 합동직격탄(JDAM·Joint Directed Attack Munition), 3만 파운드의 거대한 대형관통폭

탄(MOP·Massive Ordnance Penetrator)에 이르기까지 모든 공격용 폭탄을 탑재할 수 있다는 게 최고의 강점으로 꼽힌다. 또 무게만 약 14톤에 달하는 초대형 벙커 버스터 스마트 폭탄 'GBU-57 MOP'(Massive Ordnance Penetrator)도 운용하는 게 가능하다. 미국 미주리 주 화이트맨 공군기지가 B-2의 유일한 작전 기지다.

다탄두 미사일은 동시에 여러 표적을 공격할 수 있어 핵·미사일 능력 고도화 과정에 중요한 단계로 여겨진다. '다탄두 각개목표 재돌입체(MIRV)' 기술은 미국의 3대 핵전략 자산 중 하나인 핵탄두 탑재 대륙간탄도미사일(ICBM) '미니트맨-Ⅲ'에 처음 적용됐다. 미국은 미니트맨-Ⅲ를 최대 400여 발 보유하고 있는 것으로 알려졌다.

미니트맨-Ⅲ는 미 핵전략의 핵심으로, 발사 버튼만 누르면 60초 안에 미사일이 보관된 지상의 사일로를 박차고 나와 목표지점으로 날아간다. 우리가 제공받을 수 있는 미국의 핵우산 3대 전략 중 가장 빨리 동원할 수 있는 무기로, 발사 명령 후 지구상 어느 곳이든 30분 내 타격이 가능하다. 캘리포니아에서 평양까지도 30분 내에 도달할 수 있다.

가장 큰 특징은 미사일의 맨 앞부분에 열핵폭탄(수소폭탄)이 내장된 Mk-12 혹은 Mk-21/SERV 재돌입체가 탑재된다. 정해진 임무에 따라 하나 혹은 세 기의 재돌입체가 장착되는데, 이 안에 들어가 있는 W78과 W87 핵탄두의 위력은 335에서 300킬로톤에 달한다. 1945년 8월 일본 히로시마에 투하된 원자폭탄의 위력인 15킬로톤과 비교하면 20배 이상의 위력을 지녔다.

원형공산오차 즉 '명중률'도 미니트맨-Ⅲ는 가공할 만한 정밀도를 자랑한다. Mk-21/SERV 재돌입체의 원형공산오차는 120m 이하로 적의 대륙간탄도미사일 사일로를 정밀 타격할 수 있다. 사거리가 1만 3,000㎞에 달하고 미국 와이오밍 주, 노스다코타 주, 몬태나 주 세 곳의 기지에서 운용되고 있는 것으로 알려졌다. 최대 마하 23의 속도로 비행해 30분 내에 입력된 목표물에 핵 공격을 할 수 있다.

미국의 3대 핵전략 마지막 자리는 핵추진 탄도유도탄 잠수함(SSBN)이 꿰차고 있다.

수중에서 은밀하게 움직이는 잠수함의 특성상 3대 핵전력 가운데 생존확률이 가장 우수하다. 주력인 오하이오급은 폭발력 100킬로톤(1kt=TNT 1,000톤의 폭발력) 위력의 탄두 8발이 들어 있는 SLBM(트라이던트-2 D5) 최대 20발을 탑재한다. 사거리가 1만 3,000㎞에 달하는 이 미사일은 각각 8~12개의 독립목표재돌입탄두(MIRV)가 들어 있다. 위력은 태평양전쟁 당시 일본 히로시마에 투하된 원폭의 1,000배 이상으로 알려졌다.

오하이오급 잠수함은 1981년부터 운용하기 시작했지만 성능 개량을 통해 현재 미 해군이 운용하는 전략핵잠수함의 대명사로 통한다. '부머즈(Boomers)'로 불리며 미국의 전략적 핵 억지력의 일환으로 한 번에 수개월 동안 수중 작전 수행이 가능하다. 미 해군을 위해 건조한 잠수함 중 가장 크게 설계된 오하이오급 원자력 잠수함에는 미 해군의 탄도미사일 잠수함(SSBN) 14척과 순항미사일 잠수함(SSGN) 4척이 있다.

오하이오급 잠수함은 24발의 트라이던트-II 미사일을 탑재하고 있다. 러시아 핵추진잠수함 '보레이급'의 16발, '타이푼급'의 20발보다 더 많아 공격력이 훨씬 강력하다.

배수량은 해상에서는 1만 6,764톤, 수중에서는 1만 8,750톤에 달한다.

S8G 원자로로 가동되며 2개의 기어 달린 터빈으로 3만 5,000마력(26MW)의 추진력을 갖추고 있다. 길이는 170m, 해상 속도는 12노트(시속 22km), 수중 속도는 25노트(시속 46km)에 이른다. 22개 발사관에 각각 7발의 토마호크 순항미사일을 탑재해 총 154발이 탑재된다.

아울러 '바다 위의 군사기지'로 불리는 미 해군의 핵추진 항공모함도 한반도 인근으로 달려온다. 항공모함을 가진 나라는 미국과 영국, 프랑스, 러시아, 스페인, 이탈리아 등 10개국에 불과하다. 해군의 핵추진 항공모함인 니미츠급(Nimitz-Class) 1척에는 보통 80여 대의 각종 항공기가 탑재된다. FA-18 C/D '호넷', FA-18 E/F '슈퍼 호넷', EA-6B 전자전기, E-2C '호크 아이' 조기경보통제기, C-2 수송기, SH-60 헬기 등이 포함돼 있다. 탑재된 항공기 전력은 웬만한 소국의 공군력 이상이라는 평가를 받는다.

한 척당 건조 가격은 크기와 추진방식, 탑재 장비 등의 재원에 따라 일반적으로 약 2조 5,000억~7조 5,000억 원에 이른다. 유지비는 연간 3,000억~5,000억 원 수준이다.

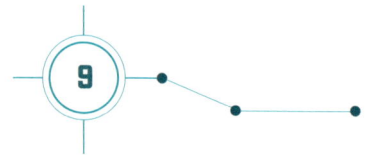

9 북한 전쟁 도발의 핵심은 20만 명 특수부대

　국가정보원이 지난 2024년 10월 8일부터 북한 특수부대원 1,500여 명이 러시아 함정을 타고 블라디보스토크로 이동했다는 사실을 공개하면서 북한의 특수부대 실체에 관심이 쏠렸다. 결국 북한이 사단급 규모인 최정예 부대원 1만 2,000명 규모의 병력을 러시아에 파병할 것으로 확인되면서 북한군의 특수부대 역량이 어떨지 전 세계의 이목이 집중됐다.

　《국방백서》에 따르면 북한이 남한에 있는 요인 암살을 목적으로 한 특수작전부대를 창설하는 등 북한군 특수전력은 최근 몇 년 계속 강화되고 있다. 북한군 특수부대는 유사시를 대비해 주로 전방에 집중 배치됐다. 병력 규모는 세계 최대인 20만 명에 이른다. 미군의 특수부대 병력도 5만 명 수준인데 4배 많은 수치다.

　군 당국이 2년마다 발간하는《국방백서》가 북한군 특수부대를 직접 명시한 것은 2018년이 처음으로 이때부터 북한군 특수부대 존재가 부각되기 시작했다. 앞서 2016년 11월에〈조선중앙통신〉과〈노동신문〉등 북한 매체가 김정은 국무위원장이 직접 지휘통제하는 일명 '암살부대'인 인민군 제525군부대 직속 특수작전대대의 타격훈련 참관 모습을 보도

한 바 있다.

 김정은 위원장이 암살부대인 특수작전대대를 얼마나 애지중지하는지는 2017년 4월 북한군의 '특수부대 강하 및 대상물 타격 경기' 보도를 통해 엿볼 수 있다. 보도에 따르면 이 경기에 제525군부대 직속 특수작전대대(암살부대), 제630대연합부대, 제2625군부대 예하 5지대 4타격대, 해군 제252군부대 예하 1지대 2타격대, 항공-반항공군 제323군부대 예하 1지대 1타격대가 참가했다. 경기 최종 결과 암살부대가 1등을 차지해 김 위원장이 자동소총과 쌍안경을 선물한 바 있다.

 사실 북한의 특수부대 실체는 지난 2011년 2월 8일 당시 국회 국방위원회 소속 의원들과 월터 샤프 전 한미연합사령관 겸 주한미군사령관의 비공개 간담회에서 알려졌다. 월터 샤프 전 한미연합사령관은 이 자리에서 "북한군 특수부대 전력은 20만 명에 달하며 이 가운데 6만 명은 '지

정된 임무', 예를 들어 천안함 피격 사건 같은 고도의 특수작전을 수행하는 최정예 특수부대"라고 말했다. 나머지 14만 명은 경보병 부대로 언급했다. '번개'라고 불리는 경보병은 장비를 최대한 경량화해 기동력을 바탕으로 한반도의 산악 및 도시지역에 신속히 침투해 배합전을 수행하는 임무를 맡은 특수부대 병력이다.

북한군 특수부대의 핵심은 특수작전군이다. 2017년 4월 15일 열병식에서 처음으로 대중에게 공개된 부대다. 특수부대만을 통합해 육·해·공군과 같이 독립적인 지위의 군종으로 창설됐다. 북한은 4군 체제가 아니다. 특수작전군은 이번 러시아 파병에 나서는 '폭풍군단'으로 불리는 북한군 육군의 11군단을 기반으로 해군과 공군의 전략적 최정예 특수부대 전체를 통합한 북한판 '합동특수작전사령부'(JSOC·Joint Special Operations Command)에 가깝다.

미합중국 합동특수작전사령부는 1980년에 창설됐다. 1등급(Tier 1)의 특수임무부대(SMU) 및 합동특수작전부대(JSOTF)를 지휘하고 각종 특수전 관련 사항 등을 다루는 기능사령부다. 지휘계통은 미합중국 특수작전사령부(USSOCOM)를 따른다. 미 육군 중장이 사령관을 맡고 있다. 예하 부대로는 특수임무부대인 델타포스(미 육군), 특수전개발단(미 해군·네이비 씰의 6팀을 뿌리로 두고 있다), 제24특수전술대대(미 공군) 등 1등급으로 분류되는 육·해·공군 최정예 특수부대를 비롯해 합동특수작전부대인 합동항공부대, 합동통신부대, 신호정보부대, 기술정보부대, 직할정보여단 등이 있다. 이를 북한이 모방한 것이다.

북한 특수작전군은 총 14개 여단으로 구성된 것으로 알려졌다. 육군 10개 여단, 해군 2개 해상저격여단, 공군 2개 항공저격여단을 두고 있다. 여기에 전쟁 발발 시 북한군에게 치명적 위협이 될 백령도를 비롯한 서해 5도 지역 기습점령 임무를 맡는 상륙돌격대대, 적후산악활동부대로 알려진 산악경보병부대 등도 포함된 것으로 전해졌다. 전체 규모는 20만 명 규모로, 특수전 전문병력 6만 명과 경보병 14만 명을 보유하고 있다.

김정은 집권 이후 북한 특수부대의 활동 양상이 크게 바뀐 것으로 군 당국은 파악하고 있다. 북한의 특수작전군의 병력 구성은, 경보병(일명 번개), 저격병(일명 벼락), 항공육전병(일명 우뢰), 해상저격병, 항공저격병, 상륙돌격병, 적후산악활동병 등으로 구성된다. 직제의 면면을 살펴보면 각 군단에 배속된 경보병 여단, 해군사령부 예하의 해상저격여단, 공군사령부 예하의 공군저격여단, 정찰국 소속 정찰대대, 특수기동 및 지원 임무를 담당하는 혼성여단 등으로 편성됐다.

특수작전군의 기반인 육군 11군단인 폭풍군단은 모체가 1968년 청와대 습격 사건을 일으킨 124부대를 확대한 특수 8군단으로 알려졌다. 군단 예하에는 경보병여단(번개)과 항공육전단(우뢰), 저격여단(벼락) 등 10개 여단이 있다. 전체 규모는 4만~8만 명으로 추정된다. 이번에 러시아로 가는 병력도 이 중 4개 여단으로 전체 군단 병력의 15% 내외 수준이다.

폭풍군단은 전시에 우리 후방으로의 침투·교란과 주요 시설 파괴 작전 등을 수행한다. 러시아에 투입되는 북한군이 전선 후방 침투 임무를 포함해 쿠르스크 탈환 작전에 투입될 수 있다는 전망이 나오는 것은 이 같은 이유다.

우리 군 당국과 미군은 '빗자루부대'로 불리며 북한군의 실질적인 특수전을 수행하는 병력은 6만 명가량이라 내다보고 있다. 빗자루로 쓰레기를 한꺼번에 쓸어담듯 적을 일시에 초토화시키는 능력을 보유하고 있다는 의미로, 우리 군은 이들의 병력 이동을 가장 주목해 감시하고 있다.

이들 특수전 병력은 해상·항공저격여단, 항공육전단, 정찰여단 등에 집중 배치됐다. 항공육전여단의 주 임무는 공군기지 타격과 산악지대 게릴라 활동, 해상저격여단은 도서지역이 많은 서해안과 남해안에 공기부양정과 고속상륙정 등을 통한 기습 침투다. 해병대특수수색대 및 해병대 1사단 상륙기습대대와 성격이 비슷하다. 여기에 북한의 최전방에 배치된 경보병여단 소속 병력의 경우, 가장 고도의 훈련을 받은 특수부대원이다.

주목할 점은 북한의 특수작전군 군사전략으로 그 핵심은 속도전이다. 전면전에 들어가면 '30일 이내에 한반도 통일을 완수한다'는 원칙을 갖고 있는 것으로 알려져 있다. 유사시 미국 증원군이 도착하기 전에 한미연합군의 방어를 뚫고 신속히 남한을 점령한다는 계산이다.

이를 달성하기 위한 북한 특수부대의 훈련은 매우 고강도다. 25kg의 군장을 메고 하룻밤에 40km를, 주야로 120km를 주파하는 강행군을 실시한다. 또 400m의 강물을 30분 안에 헤엄쳐 건너는 등 강도 높은 훈련을 받는 것으로 알려졌다. 전쟁 발발 시 이들은 땅굴이나 도보 또는 공기부양정으로 침투하거나, 레이더에 잘 잡히지 않는 AN-2 수송기를 활용해 남한 후방지역에 투입돼 교란작전을 펼칠 것으로 전해졌다.

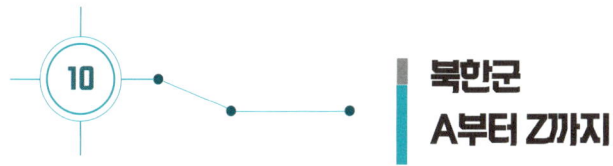

10 북한군 A부터 Z까지

　북한군의 입대와 계급, 군 문화, 군사력, 지휘체계 등은 우리 군과 어떻게 다를까. 국립통일연구원에서 발간한 《2024 북한의 이해》에 따르면, 북한군은 북한 정권 수립 약 7개월 전인 1948년 2월 8일 창건됐다. 군이 먼저 창건됐다는 것을 통해 해방 이후 체제 건설 과정에서 사회 전반에 지대한 영향을 미치는 북한 정권 기반을 다지는 핵심 조직이었음을 알 수 있다.

　북한의 주요 군사기구로 당중앙군사위원회, 국무위원회와 총정치국, 총참모부, 국방성 등이 있다. 우선 당중앙군사위원회는 조선노동당의 군사 관련 최고지도기관이다. 국무위원회는 2016년 6월 헌법 개정을 통해 국방위원회에서 개편된 기관으로, 북한의 최고 정책지도기관이다. 2019년 8월 개정된 헌법에서는 국무위원회를 "국가의 중요정책을 토의 결정"(제110조)하는 "국가주권의 최고 정책적 지도기관"(제107조)으로 규정하고 있고, 국무위원회 위원장을 "국가의 일체 무력을 지휘 통솔"하는 "무력 총사령관"(제103조)으로 명시하고 있다.

　북한의 군사지휘체계는 군의 최고직책인 최고사령관을 필두로 당의

집행기구인 총정치국, 최고사령관의 군령권을 실제 집행하는 총참모부, 그리고 군 관련 대외업무와 군수 및 재정 업무를 담당하는 국방성으로 구성돼 있다. 최고사령관은 군대에 대한 최고지도자의 유일적 지휘를 보장하는 북한군 최고의 직책이다.

최고사령관은 전시 정규군에 대한 지휘권이 있고, 전시 및 동원령을 선포하고 해제할 수 있는 권한을 가지고 있다. 유사시에는 권한이 확대돼 전당·전군·전민을 통제할 수 있는 초법적 권한을 가지게 되는 실질적인 군 최고의 집행기구이다.

총참모부는 최고사령관의 군령권을 실제 집행, 당의 철저한 지도 아래 북한 무력 전반을 총지휘하는 군 최고 군사집행기관으로서 육·해·공군의 군사전략 및 군사작전의 종합계획을 지휘·관리·통솔하는 역할을 수행한다.

총정치국은 군 내 각급 단위의 당 조직들을 망라한 인민군 당위원회의 집행기구이다. 북한은 당-국가체제이기 때문에 군도 노동당의 통제를 받고, 이를 위해 당에는 당중앙군사위원회와 전문부서인 군정지도부를 두고 있다.

총참모부 산하에는 10개의 정규군단, 91수도 방어군단, 고사포군단, 1개 기갑사단, 5개 기계화보병사단, 1개 기계화포병사단(이상 육군), 해군사령부, 공군사령부, 전략군 등이 있다. 총참모부는 각급 부대와 훈련소, 각 군 사령부의 전·평시 작전 및 훈련계획을 수립해 집행하고, 매년 발령되는 당중앙군사위원장 명령 작성에 참여하는 등의 방법으로 산하 부대들을 지휘·통솔하고 있다.

국방성은 대외적으로 군을 대표하며 군 관련 대외업무와 군수 및 재정 등 군정(軍政) 기능을 수행한다. 국방성은 군을 대표하는 기능을 수행하면서 구도상 총정치국, 총참모부와 수평관계에 있지만 그 역할은 제한된 군정권 행사에 그치고 있다.

최고지도자를 보호하는 호위사령부는 반체제 쿠데타 진압, 최고 지도자 및 가족들의 신변보호, 숙소경계와 관리 등 경호를 담당하는 기구이다. 북한의 호위사령부는 최고지도자의 안위를 위해 운영된다는 점에서 그 위상이 높다고 할 수 있다. 보위국은 군 내의 모든 군사범죄활동에 대한 수사, 예심, 처형 등을 담당하며, 간첩과 반체제 활동 관련자를 색출해 처벌하는 것을 주된 업무로 하고 있다. 우리 군의 국군방첩사령부와 유사한 조직이다.

북한군 전력은 2024년 12월 기준 상비병력은 육군 110만여 명, 해군 6만여 명, 공군 11만여 명, 전략군 1만여 명으로 총 128만여 명 정도로 추정된다. 우리 군과 비교했을 때 2배가 넘는다. 이처럼 정규군 128만여 명 이외에 교도대 62만여 명, 노농적위군 572만여 명, 붉은청년근위대 94만여 명, 호위사령부, 사회안전성 등 준군사부대 34만여 명 등 동원 가능한 예비병력이 762만여 명에 이른다.

육군은 총참모부 예하에 10개의 정규 전·후방군단, 91수도방어군단, 고사포군단, 1개 기갑사단, 5개 기계화보병사단, 1개 기계화포병사단 등으로 편성돼 있다. 북한은 육군의 약 70%에 달하는 전력을 평양-원산선 이남의 전방 지역에 전진 배치해 상시 기습 공격을 감행할 태세를 갖추고 있다. 전차 및 특수부대를 중심으로 구성돼 있다.

해군은 해군사령부 예하 동·서해 2개 함대사령부, 13개 전대, 2개 해상 저격여단으로 편성돼 있다. 해군은 총 전력의 약 60%를 평양-원산선 이남에 전진 배치해 상시 기습 공격을 할 수 있는 전력을 보유하고 있다. 그러나 소형 고속함정 위주로 편성돼 있어 원해 작전능력이 제한적이라는 평가를 받는다. 수중전력은 로미오급 잠수함과 잠수정 등 70여 척으로 구성돼 있다. 최근 잠수함발사탄도미사일(SLBM) 탑재가 가능한 신규 잠수함을 추가 건조하는 등 전력을 증강 중이다.

공군은 공군사령부 예하 5개 비행사단, 1개 전술수송여단, 2개 공군저격여단, 방공부대 등으로 편성돼 있다. 공군은 북한 전역을 4개 권역으로 나눠 전력을 배치하고 있고, 총 1,570여 대(전투기 810여 대, 감시통제기 30여 대, 공중기동기 350여 대, 헬기 290여 대, 훈련기 80여 대) 공군기를 보유하고 있다. 전투임무기 810여 대 중 약 40%를 평양-원산선 이남에 전진 배치해 최소의 준비로 신속하게 공격할 수 있는 태세를 갖추고 있다.

김정은은 김정일 사망 직후인 2011년 12월 30일 개최된 당중앙위원회 정치국 회의에서 김정일의 유훈에 따라 인민군 최고사령관으로 추대됐다. 군 최고사령관으로서 총정치국, 총참모부, 국방성 등 군사조직을 지휘·통제하는 것은 물론 호위사령부와 보위국도 직접 관장하는 지위를 갖고 있다. 현재 김정은은 북한의 조선노동당 총비서 및 당중앙군사위원회 위원장, 국무위원회 위원장, 공화국 무력 최고사령관, 공화국 원수로서 당·정·군의 최고 직책을 겸직하며 무력 일체를 장악하고 군정권과 군령권을 행사하는 1인자다.

북한은 1956년 민족보위성 명령으로 '인민군 복무조례'를 발표해 형식적으로는 지원제, 사실상 징병제를 실시했다. 이후 1958년 내각 결정 제148호에 의해 군 복무 연한을 육군은 3년 6개월, 해·공군은 4년으로 정했지만, 실제로는 육군은 5~6년, 해·공군은 8년, 기술병과 요원은 8~9년간 복무했다. 이후 몇 차례 군 복무기간을 변경하다가 1993년 4월에 징병남성은 10년, 지원여성은 7년으로 군 복무기간 10년을 공식화하는 '10년 복무연한제'를 실시했다.

그러나 1996년 군 복무조례를 개정해 남성은 만 30세까지, 지원여성은 만 26세까지 복무하는 복무연령제로 전환했다. 2003년 이전까지 북한은 초모제를 시행했다. 북한의 모든 남자는 만 14세가 되면 초모대상자로 등록하고, 군 입대를 위한 두 차례 신체검사를 받았다. 고급중학교 졸업 후 사단 또는 군단에 입대해 신체검사 합격 기준은 신장 150㎝, 체중 48㎏ 이상이다. 그러다가 식량난으로 청소년들의 체격이 왜소해지자 1994년 8월부터 신장 148㎝, 체중 43㎏ 이상으로 기준을 조정했다.

북한은 2003년 3월 26일 최고인민회의 제10기 6차 회의에서 '군사복무법'을 제정하고 전민 군사 복무제를 시행하고 있다. 전민 군사 복무제의 시행에 따라 징병제가 공식화됐고, 이에 따른 군 복무기간은 남성의 경우 10년, 여성은 7년으로 알려졌다.

북한군의 계급은 '군사 칭호'로 불리며 군관 12종, 하전사 8종으로 나뉘어 있다. 군관의 경우는 ① 장령급에 대장, 상장, 중장, 소장 ② 좌급군관에 대좌, 상좌, 중좌, 소좌 ③ 위급군관에 대위, 상위, 중위, 소위 등으로 구분돼 있다. 하전사는 우리의 부사관과 병사를 아우르는 '군사 칭호'로서 특무상사, 상사, 중사, 하사, 상급 병사, 중급 병사, 초급 병사, 병사로 구분하고 있다.

북한의 군사지휘체계는 해군사령관과 공군사령관은 별도로 있지만, 우리의 육군참모총장에 해당하는 육군사령관은 존재하지 않는다. 대신 우리의 합참의장과 동격인 총참모장이 북한군에 대한 전반적 군령권을 행사하면서 육군 정규 군단과 기갑·기계화보병·기계화포병사단까지 직접 지휘·통제하고 있다.

즉, 북한군 지휘체계 내에서는 육군 정규 군단과 기갑·기계화보병·기계화포병사단이 군종사령부에 해당하는 해군사령부, 공군사령부와 동일한 위상이다. 이는 총참모장이 육군, 해군, 공군 등 군종사령부에 대해 모든 군령권을 행사하고, 군종사령관이 예하 부대를 지휘·통제하는 일반적인 군사지휘체계와는 다른 형태다. 북한군에서만 나타나는 특징 중 하나다.

이처럼 북한군 총참모장이 육군의 군단 및 사단급 부대에 대한 군령권을 직접 행사하는 것은 북한군이 육군 중심으로 구성돼 있고, 북한의 육군이 전방 지역에 밀집 배치되어 있기 때문이다. 북한군 자체 병력에서 육군 비중이 86%에 육박할 정도로 북한군은 육군 중심으로 구성돼 있다. 해군과 공군이 차지하는 비중은 각각 4.7%와 8.6%에 불과하다.

무엇보다 북한은 전방 지역에 4개의 육군 정규군단을 배치하고 있고, 평양-원산선 이남 지역에 육군 전력의 약 70%를 집중시키고 있다. 이러한 군사력 배치 상황을 감안해 북한군의 실질적 운용 체계는 작전지역에 따라 육군 정규 군단을 일종의 전구사령부로 하고, 전구사령관이 자신의 전력뿐만 아니라 관할 지역 내에 있는 해·공군 전력을 모두 통합적으로 운용하는 이른바 '통합군 체제'다.

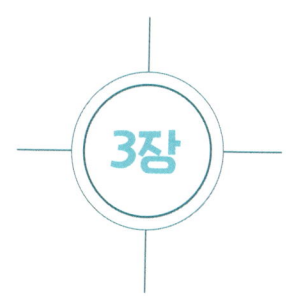

3장

한반도 전쟁 좌우 변수들

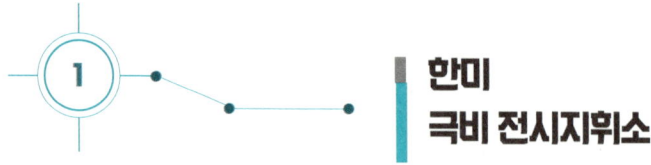

1
한미 극비 전시지휘소

　서울 관악구 남태령 언덕에 위치한 수도방위사령부 지하에는 전시지휘소 벙커(B1 문서고)가 있다. 일명 'B1 벙커'다. 역대 대통령이 재임기간 중에 한 번씩은 직접 찾아가 대북 대비태세를 점검한다. 게다가 이곳에는 군통수권자인 대통령의 전용 공간이 마련돼 있다. 전쟁이 벌어지면 50만 육·해·공군·해병대를 진두지휘하는 집무실인 것이다. 참고로 대통령 옆자리 지정석으로 대통령실 연설비서관 자리도 마련돼 있다. 전쟁 중 대통령의 메시지를 즉각 군과 국민에게 전파하기 위해서다.
　평시에 우리 정부와 미국은 고도화된 북한의 핵·미사일 위협에 즉시 대응하는 대북 대비태세와 북한의 무력 도발 시 반격에 나설 수 있는 전시 작전계획 역량 강화를 위해 한미 연합연습(훈련)을 매년 실시하고 있다. 이를 위해선 한미 양국의 육·해·공군·해병대 전력을 지휘하는 연합전력의 두뇌이자 심장부의 역할을 하는 전시지휘소가 필요하다.
　이곳은 북한이 군사적 도발을 감행해 한반도에서 다시 전쟁이 발발했을 때 한미연합사 지휘부가 전쟁을 총지휘하는 컨트롤타워이기도 하다. 유사시에 군통수권자인 대통령도 이곳으로 옮겨와 전쟁 과정에서 중요한 작전계획을 결정하고 판단해야 한다.

그렇다면 한반도 유사시 한미 군 수뇌부가 모여드는 컨트롤타워인 전시 지휘통제시설, 즉 지휘소(벙커)는 어디에 있고 몇 곳이나 될까.

지휘소로 쓰이는 지하 벙커는 국내에 7개 정도로 알려졌다. 우선 미군이 관리하는 시설로 가장 잘 알려진 곳이 1970년대 설립된 한미연합군사령부의 전시 지휘통제시설인 'CP탱고'다. CP(Command Post) TANGO(Theater Air Naval Ground Operations)는 지휘소(CP), 전쟁구역(Theater), 해·공군(Air Naval), 지상작전(Ground Operations)이라는 의미로, 직역하면 미군의 '전쟁구역 해·공군·지상작전 지휘소'라고 할 수 있다.

이곳은 철저하게 베일에 싸여 존재 자체가 비밀에 부쳐져왔다. 지난 2005년 3월 당시 콘돌리자 라이스 미국 국무장관이 방한해 역대 미국 대통령, 국무장관, 국방장관 중 처음으로 방문해 '워게임(war game)'을 하던 군인들을 격려하면서 국내 언론에 첫 공개됐다.

이곳은 한강 이남 민간인 통제구역인 청계산 지하에 구축됐다. 외부와 단절된 채로 2개월 이상 생활할 수 있도록 설계됐다. 1970년대 초 청계산의 단단한 화강암 암반 밑 지하 수십 미터에 '폴아웃 벙커'(방사능 낙진 벙커) 형태로 지어져 전술핵 공격에도 견딜 수 있는 강력한 철근 콘크리트 구조물로 건설됐다.

내부에서 이동할 때는 소형 전기 배터리 차량이 이용된다. 지휘부는 탱고 내 전쟁 룸(war room)에 모여 영화관 스크린 크기의 화면으로 각종 정보를 공유한다. 화면에는 아군 적군 현황과 미사일 궤적을 한눈에 볼 수 있다. 현재 주한미군 벙커 중 최고의 시설이라는 평가를 받는다.

서울 용산 미군기지 내에 위치한 한미연합사 지하 벙커 'CC(Command Center)서울'도 있다. '미8군 벙커'로 불리는데, 1979년 12·12사태 당시 노재현 국방장관이 피신했던 곳으로 세간에 유명하다. 미군이 평택 미군기지로 이전하면서 현재는 용산을 대신하기 위한 'CC평택'이라는 새로운 벙커를 만들었다. 평상시 미 첩보위성과 U-2정찰기, 통신감청 기지 등으로부터 각종 정보를 종합하는 역할을 한다.

미군이 사용하는 나머지 한 곳은 미군의 오스카 벙커로 'CP오스카'라고 불린다. 대구광역시 남구 캠프 워커 지역에 위치하고 있다. 이 벙커는 한미 양국군이 북한의 공격을 서울 이북 지역에서 막는 데 실패할 경우에 대비한 것으로, 방어 전선이 서울 이남 지역으로 후퇴할 때를 가정해 만든 시설이다.

한국이 독자적으로 쓰는 지휘통제시설은 4곳이 있다. 대표적인 지휘소는 청와대 지하벙커다. 윤석열 정부 들어 대통령 집무실이 용산으로 이전하면서 용산 대통령실 지하벙커로 기능이 옮겨졌다. 명칭도 '국가위기관리센터'라고 변경됐다. 위기 관련 상황 관리·대응에 관한 업무를 담당하는 곳으로 대통령실 국가안보실장이 관리한다. 2003년 참여정부 시절 국가안전보장회의(NSC) 사무처 내에 위기관리센터를 설치하고 종합적인 국가위기관리시스템을 구축하기로 결정한 것이 시초다.

한국군 단독 지휘 벙커 가운데 가장 큰 곳은 수도방위사령부 내 지하벙커인 'B1 벙커'다. 이곳은 군통수권자로서 대통령들이 취임 첫해에 어김없이 찾으면서 외부에 노출돼 알려졌다. 육사 출신의 전두환 전 대통령은 을지연습 기간에 가족을 데리고 'B1 벙커'에 들어와 이틀간 머무르며 직접 훈련을 지휘하기도 한 것으로 알려졌다.

'B1 벙커'는 북한의 남침 도발 시 한국군의 실질적인 전쟁 지휘부 역할을 하는 곳이다. 합동참모본부의 합동지휘통제체계(KJCCS)를 바탕으로 전술지휘통제자동화체계(C4I)에 기초한 전장의 모든 데이터가 집결돼 유사시 군통수권자인 대통령과 군령권을 보좌하는 합참의장의 '결단'을 지원하는 모든 정보를 제공한다.

'CP탱고'처럼 'B1 벙커'는 전시에 대비해 상당수의 군 지휘부가 몇 개월간 나오지 않고 전쟁을 수행할 수 있는 시설과 식량 등을 완비하고 있다. 합동참모본부는 전시작전권 전환 등에 대비해 이 시설을 지속적으로 확장하는 것으로 전해졌다.

서울 용산 국방부 내에 있는 합동참모본부 청사 지하에 위치한 'B2 벙커'도 있다. 'B2 벙커'는 한미연합사는 물론 미국 태평양사령부, 합참이 군사정보와 전장상황을 공유할 수 있는 한미연합전구지휘통제체계(CENTRIXS-K)와 화상지휘체계 등을 갖췄다. 동시에 육·해·공군 본부 및 각군 작전사령부와 연결하는 한국군합동지휘통제체계(KJCCS)를 통해 각 군 작전을 총괄한다. 해외파병부대와도 실시간 영상지휘시스템으로 연결돼 군사위성을 통해 전송된 고화질 영상을 보며 직접 작전을 지휘할 수도 있다. 진도 8.38의 강진에도 버티도록 내진설계가 되어 있으며, 북한의 전자기파(EMP) 공격도 견뎌낼 수 있는 방호시스템도 구축되어 있다.

마지막 지하벙커는 육·해·공군 본부가 자리잡은 계룡대 내에 위치한 지휘소인 'B3 문서고'로, 일명 'B3 벙커'다. 이곳은 군의 핵심시설로 EMP 방호시설까지 구축하고 있다. EMP탄은 레이더와 항공기, 방공시스템 등을 무력화시킬 수 있어 미래전에서 핵심 무기로 꼽힌다.

군 관련 시설은 아니지만 'B5 벙커'라고 불리는 대한민국 정부 주요 부처 공무원 전용으로 쓰는 지하 지휘소가 있다. 과천 청사와 수도방위사령부가 연결된 것으로 알려졌다. 현재는 세종 청사로 이전하면서 쓰지 않고 있다.

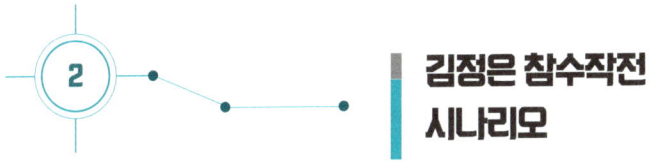

2 김정은 참수작전 시나리오

올해 3월 중순 국방부가 육군 특수전사령부의 한미연합훈련 장면을 이례적으로 공개했다. 북한 최고 지휘부를 신속히 제거할 수 있는 역량을 갖추고 있다는 것을 보여주기 위한 퍼포먼스로, 일명 '참수작전' 부대 실제 훈련 모습이다. 북한이 가장 경계하는 훈련 중 하나로 한반도 유사시 북한의 김정은 국무위원장을 북한군 수뇌부 제거를 목적으로 하는 훈련이다.

공개된 훈련 장면에는 최신예 특수전 항공기인 AC-130J '고스트 라이더'가 등장한다. 미군이 약 40대를 운용 중인 '특수작전 화력 지원기'다. 미국 본토인 플로리다 주에 머물렀던 AC-130J는 2022년부터 일본 가데나 공군기지에 순환 배치되고 있다. 이 항공기는 폭격 유도와 인질 구조를 비롯해 유사시 적의 지휘부를 타격하는 참수작전에 주로 활용돼 북한군 수뇌부가 관련 보노가 나오면 매우 민감한 반응을 보이곤 한다.

이 같은 한미연합훈련을 바탕으로 유사시 북한군 수뇌부 제거 작전 시나리오를 예측해볼 수 있다. 우선 연합군은 북한 방공 탐지 구역 밖에서 B-52H 또는 B-1B 폭격기를 동원해 대량의 합동장거리공대지미사일인 JASSM-ER, JASSM-XR 미사일을 투발하며 작전을 개시한다. 현재 북한 레이더 시스템으로는 스텔스 미사일인 JASSM 계열을 탐지할 수 없기 때문에 평양과 남포 일대의 침투 경로에 있는 북한군 레이더와 통신장비, 방공 포대는 미사일 공격으로 무력화될 수 있다.

이후 고출력 극초단파를 방사해 적 통신·레이더 장비 회로를 태워버리는 특수무기 CHAMP를 장착한 JASSM이 평양 상공을 선회하며 북한군의 주요 통신장비를 먹통으로 만든다. 그리고 북한군이 혼란에 빠진 틈을 타 지상 작전부대가 곧바로 평양으로 침투한다.

특수부대는 어떻게 평양에 잠입할까. 이들은 항공모함 또는 강습상륙함에서 이륙하는 수직이착륙기 '오스프리' 또는 '치누크' 헬기, C-130 수송기에 나눠 타고 참수작전에 투입된다. 수백 명 규모의 특수부대 병력은 노동당사와 김 위원장의 관저가 있는 보통강 구역 일대에 침투해 우선적으로 경비 병력을 제압하고 증원부대가 투입될 때까지 아군의 저지선을 구축한다.

특수부대원을 내려준 오스프리와 특수전 헬기는 먼저 출발한 다른 특수부대와 함께 평양 인근 비행장을 일시 점거한다. 이곳에서 C-130 또는 MC-130 항공기로부터 재급유를 받고 평양 시내에서 작전을 펼친 특수부대원을 다시 태워 복귀할 준비를 하게 된다.

참수작전 과정에서 한미 특수부대별로 역할이 분담된다. 작전 초반 보통강 구역 일대 장악은 한국군 특전사와 미군 그린베레가 담당한다. 다음에 일명 '델타포스'라 하는 미 육군 제1특수부대작전 분견대나 네이비실 '데브그루', 한국군 특전사 제13특임여단 등이 체포조를 꾸려 북한군 지휘부의 관저에 일시에 진입해 타깃을 체포 또는 제거한다. 그사이 미 공군 F-22 전투기, 한국군 F-35 전투기, 미 해군 EA-18G 전자전기는 북한군 항공 전력의 증원을 막으면서 작전 지역의 제공권을 확보한다.

동시에 AC-130J는 공중 화력 지원으로 지상 작전부대를 엄호한다. 평양 외곽에서 보통강구역으로 향하는 적의 증원 부대에 포탄과 미사일을 퍼부어 접근을 차단하는 것이다.

타깃을 확보한 후에 특수부대는 재급유를 마친 오스프리나 헬기에 다시 탑승한다. 이들이 전투기와 전자전기, AC-130J의 공중 엄호를 받으며 남포 상공을 통해 서해상으로 탈출한 뒤 서해에 있는 항공모함 또는 강습상륙함으로 성공적으로 복귀하면 완료되는 작전 시나리오로 볼 수 있다.

참수작전을 실행하고 성공하기 위해 가장 중요한 것은 완벽한 '정보' 획득이다. 북한군 수뇌부의 위치와 동선을 알아내 타격 시점의 위치를

명확하게 판단하는 것이 작전 성공 여부를 좌우하기 때문이다. 이를 위해서 당이나 군부 등 핵심 지휘부의 동선을 파악할 수 있는 휴민트 자산이 참수작전을 실행하기 위한 선결 조건이다.

주한미군이 서둘러 휴민트 부대를 창설하고 수시로 훈련하는 것은 이같은 맥락이 있기 때문이다. 2017년 5월 주한미군은 501정보여단 예하에 524정보대대를 창설했다. 501정보여단에는 3정보항공탐색분석대대·532정보대대·719정보대대·368정보대대 4개의 예하 대대를 포함해 5개 대대가 있는 것으로 알려졌다.

한국군에는 미군과 연합작전을 펼칠 참수부대가 있다. 전시 상황에서 김정은 국무위원장 등 북한 지휘부 제거 임무를 수행하는 부대로, 2017년 12월 1일에 출범한 특전사 제13특수임무여단이다. 특전사가 특수작전부대라면 이곳은 비밀작전부대. 철저히 베일에 싸여 있는데 규모는 대령급 부대지만 기존 특전사 여단보다 병력은 두 배 이상이며, 작전 투입 때는 가장 최첨단 장비를 지급하는 것으로 알려졌다.

참수부대는 전시에 제거 작전을 실행하는 일반적인 특전사와 달리 평시에도 제거 작전을 수행할 수 있는 비밀작전부대로 분류된다. 침투와 교란·폭파·암살·납치·공작 등의 군사작전 및 블랙옵스(Black Ops·흑색작전)에 특화된 부대다.

한미 군 당국의 비밀훈련인 참수작전 공개 때문인지 2022년 8월 이후 김정은 국무위원장의 집무실, 일명 '15호 관저' 주변에 보안을 강화하는 시설공사 움직임이 포착되었는데, 첨단 장비가 구축된 보안건물을 새로 짓고 지하망을 확충하는 공사 등으로 전해졌다.

이 같은 사실은 미국 싱크탱크인 스팀슨 센터가 상업위성 사진(구글어스)을 분석한 관련 보고서를 통해 외부에 공개됐다. 스팀슨 센터는 15호 관저 주변에 대규모 굴착 작업이나 파쇄된 콘크리트 철거와 관련한 공사가 진행되고 있고, 지하망을 확장하거나 개선하는 작업이 포착됐는데 한미 연합군의 참수작전을 대비한 새로운 건물을 증축하는 시설공사로 보인다고 분석했다. 이는 한미 특수부대가 기습할 경우 김정은 국무위원장이 어디에 있는지 혼선을 주기 위한 용도로 집무실을 신설하고 주변 보안 시스템을 강화한 것으로 해석할 수 있다.

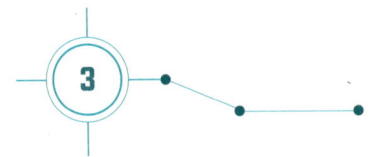

세계 군사력 순위에선 누가 위일까

지구상에는 196개의 나라가 존재한다. 이 국가들 가운데 군사력은 누가 가장 셀까. 냉전 시대 이후 군사대국 자리를 꿰찬 미국을 필두로 양강 구도를 형성하는 러시아를 비롯해, 최근에 미국을 가장 위협하는 중국과 인도가 급부상하고 해가 지지 않는 나라로 불리는 전통의 군사 강국인 영국 등이 군사력을 과시하고 있다.

미국의 군사력 평가기관 글로벌파이어파워(GFP) 보고서에 따르면 '2023년 기준 글로벌 군사력 순위'는 단연 '천조국'으로 불리는 미국이 군사력 평가지수 0.0712로 세계 1위를 차지하고 있다. 군사력 순위는 각국이 보유한 재래식 군사 장비와 군대의 규모 및 재정적 지위, 전투작전능력, 지정학적 이점 등 60개 항목을 평가해 매겨진다. 평가 인덱스 수치가 0에 가까울수록 군사력이 강하다.

원화로 국방 관련 예산이 1,000조가 넘는 미국이 국방 예산 7,610억 달러로 독보적 위상을 자랑한다. 예산 규모만 놓고 보면 2위인 중국보다 3배 이상 많은 국방비를 편성하고 있다. 현역 병력은 140만 명, 전차와 장갑차 등 탱크 8,848대, 공격용 헬기 983대, 구축함 92대, 항공모함

11척, 항공기 1만 3,800대 등을 보유한 것은 물론 항공우주와 통신 등 모든 분야에서 발전 수준이 가장 독보적인 것으로 평가됐다.

러시아는 군사력 평가지수 0.0714를 받아 2위에 올랐다. 국방 예산은 845억 달러고, 현역 병력은 76만 6,000명, 전차와 장갑차 등 탱크 1만 5,300대, 항공기 3,400대, 잠수함 55척 등이다. 냉전 시대에는 미국과 군사력으로 양강구도를 형성했지만 소련이 붕괴한 후 30여 년이 지나 군사력이 약해졌다. 하지만 여전히 세계에서 두 번째로 강력한 군사력을 지녔다. 탱크부대는 세계에서 가장 규모가 크다. 공군은 미국 다음으로 많은 전투기를 보유한 항공 전단을 운용하고 있다. 잠수함 보유 대수는 미국과 중국에 이어 세 번째다. 다만 러시아가 우크라이나와의 전쟁으로 보유한 탱크와 전투기 등 무기 체계의 엄청난 손실과 함께 공군과 해군도 큰 한계를 노출하면서 군사력 평판에 타격을 입어 군사강국의 지위가 흔들리고 있다.

러시아의 군사적 약화 속에 중국이 순위 3위에 랭크됐다. 중국은 러시아의 전쟁 부진 속에 국방 예산 확대에 발 빠르게 속도를 내고 있어, 조만간 2위 자리에 올라설 것으로 보인다. 군사력 평가지수 0.0722로 군사력 3위에 오른 중국은 현역 병력은 233만 명, 전차와 장갑차 등 탱크 9,150대, 항공기 2,860대, 잠수함 67척에 달한다. 최근에 많은 전투함을 건조하고 있는 해군력은 질적인 면을 떠나 양적으로는 미국에 뒤지지 않는, 세계 최강 수준으로 올라섰다는 평가를 받는다. 국방 예산은 2,160억 달러로 미국 다음으로 가장 많다.

뿐만 아니라 최근 군사력 현대화 프로그램을 가동하며 급속한 발전을 이뤄내 고위력 탄도미사일과 5세대 항공기는 물론 최신형 항공모함 건조 등 현대전 게임체인저로 불리는 군사 기술력 개발에 박차를 가하고 있다. 이런 추세가 지속되면 중국은 조만간 러시아를 앞질러 군사적으로 미국에 필적할 만한 맞수가 될 수 있다.

4위는 군사적 능력에 비해 막대한 군사비를 투입하고 있는 인도다. 군사력 평가지수는 0.1025를 받았다. 미국과 러시아, 중국 다음으로 많은 전차와 장갑차 등 탱크와 항공기를 보유한 나라다. 국방 예산은 500억 달러에 달하며 현역 병력은 132만 명, 탱크 6,460대, 항공기 1,900대, 잠수함 15척을 보유 중이다. 최근 중국과의 군사대립으로 군사력을 급격하게 증강하고 있어 세계 네 번째 군사강국으로 우뚝 섰다. 특히 핵무기를 보유하고 있어 세계 어떤 나라도 인도를 무시하지 못한다.

썩어도 준치라고 5위는 NATO 최대 군사대국인 영국(군사력 평가지수 0.1435)이 차지했다. 국방 예산 605억 달러에, 현역 병력은 14만 6,900명, 전차와 장갑차 등 탱크 400대, 항공기 930대, 잠수함 10척을 보유하고 있다. 영국은 최근 군대 규모를 20%가량 줄여나가다 러시아와 우크라이나 전쟁 이후 다시 재무장하며 군사력 증대에 힘쓰고 있다. 게다가 영국 해군은 여전히 강력해 항공모함 '엘리자베스호'를 건조해 40여 대의 5세대 최첨단 스텔스 전투기 'F-35B'를 싣고 전 세계를 누리고 있다.

대한민국은 군사력 평가지수 0.1505를 받아 전 세계 145개국 가운데 6위에 올랐다. 국방 예산은 623억 달러, 현역 병력은 55만 명, 전차와 장갑 등 탱크 2,380대, 항공기 1,410대, 잠수함 13척 등을 보유하고 있다. 북한의 핵·미사일 위협에 맞서기 위해 최첨단 무기 체계를 갖추며 꾸준히 군사력을 증강하고 있다. 많은 잠수함과 공격용 헬리콥터를 비롯해 전 세계적으로 상위권의 병력과 수많은 전차와 장갑차 등 탱크와 K9 자주포, 세계 여섯 번째로 큰 공군력까지 보유한 것으로 평가받고 있다. 미국과의 협상으로 미사일 사거리가 해제되어 고위력 탄도미사일을 개발하고 군정찰위성을 발사하면서 첨단 군사력을 계속 확대하고 있다.

뒤를 이어 핵보유국 파키스탄(군사력 평가지수 0.1694)이 7위에 랭크됐다. 국방 예산은 70억 달러에 불과하지만 현역 병력은 61만 명에 달해 세계에서 가장 큰 군대 중 하나다. 전차와 장갑차 등 탱크 2,920대, 항공기 910대, 잠수함 8척을 보유 중이다. 경쟁국인 인도가 군사강국으로 상승하자 군사력 확대에 많은 투자를 하면서, 향후 10년 내에 세계에서 세 번째로 많은 핵무기를 보유할 만큼 빠른 속도로 핵무장에 나서고 있는 게 특징이다.

일본(군사력 평가지수 0.1711)은 8위에 올랐다. 국방 예산은 418억 달러, 현역 병력은 24만 7,000명, 전차와 장갑차 등 탱크 670대, 항공기 1,610대, 잠수함 16척을 보유하고 있다. 양적인 측면에서 일본은 작은 군대를 보유하고 있지만 미국의 지원으로 최첨단 무기체계를 갖추고 있어 무시할 수 없는 군사력이다. 무엇보다 일본은 강한 해군력을 보유해 세계에서 네 번째로 큰 잠수함 함대를 보유하고 있다.

9위는 전통적 강국인 프랑스(군사력 평가지수 0.1818)가 차지했다. 국방 예산은 623억 달러, 현역 병력은 20만명, 전차와 장갑차 등 탱크 420대, 항공기 1,260대, 잠수함 10척을 운용하고 있다. 10위권의 마지막은 이탈리아(군사력 평가지수 0.1973)가 랭크됐다. 국방 예산은 340억 달러, 현역 병력은 32만 명, 전차와 장갑차 등 탱크 580대, 항공기 760대, 잠수함 6척을 보유하고 있다. 이탈리아는 2척의 항공모함을 보유 중이며 상대적으로 큰 잠수함과 공격헬기 부대를 운용하며 군사력을 끌어올리고 있다.

핵보유국인 북한(군사력 평가지수 0.5118)은 재래식 군사력만 평가한 기준에서 34위로 평가됐다.

여기까지는 재래식 무기를 기준으로 한 평가다. 비대칭 전력인 핵무기 보유 여부를 포함하면 상황은 달라진다. 핵추진잠수함을 포함해 군사력 순위를 매긴다면 비핵화 상태로 재래식 무기만 보유한 한국의 군사력 순위는 10위로 내려앉는다. 반면 북한은 6위로 올라서 한국을 앞서게 된다.

한반도선진화재단이 발간한 〈종합국력: 국가전략기획을 위한 기초자료〉를 근거로 분석한 '한선 종합국력지수 측정 모형(한선모형)'을 적용하면 비대칭 전략 무기를 북한이 사용하면 남북의 군사력은 완전히 다른 상황으로 전개된다.

핵무기·생화학무기 보유 등을 따지면 미국은 100점 만점에 평가점수 99.3점으로 역시 1위를 차지했다. 뒤이어 2위 러시아(95.6점), 3위 중국(94.7점)이다. 이들 세 국가는 유일하게 게임체인저로 평가받는 전술·전략 핵과 생화학 무기를 보유하고 있다.

4위는 인도(92.4점), 5위 영국(91.2점), 6위는 재래식 무기로 30위권 밖에 있던 북한(89.0점)이 차지했다. 전술핵과 생화학 무기를 보유한 덕분이다. 7위는 프랑스(88.5점), 8위는 이스라엘(87.9점), 9위는 파키스탄(83.6점)이 올랐다. 한국은 10위(80.3점)를 차지하고 이어 11위 일본(80.0), 12위 튀르키예(78.1점), 13위 우크라이나(76.9점), 14위 브라질(72.3점), 15위 이집트(71.9점), 16위 독일(71.9점), 17위 대만(68.4점), 18위 인도네시아(68.4점), 19위 폴란드(67.2점), 20위 이탈리아(67.0점) 등의 순서다.

막강한 핵전력과 생화학 무기를 보유한 국가들이 상위권인 1위부터 5위까지 차지하고, 중간순위도 핵보유국 북한을 비롯해 파키스탄, 이스라엘, 프랑스 등이 6위부터 9위에 랭크됐다. 그러나 비핵보유국으로 최강의 재래식 무기와 군사력을 보유한 한국은 10위에 그친다. 우리도 자체 핵보유에 대한 정책적 검토와 국민적 공감대 형성이 필요하다는 지적이 나오는 것은 이 같은 배경에서다.

4. 비대칭전력의 핵심, 핵추진잠수함

　잠수함은 1578년 영국 수학자 윌리엄 본이 물속에 가라앉고 뜨는 원리를 처음 고안한 것이 시발점이다. 사방이 밀폐된 통 하부의 큰 탱크에 물을 넣어서 균형을 잡은 후 양쪽에 큰 가죽 주머니를 달았다. 주머니에는 구멍을 뚫고 물이 들어오고 나가도록 해 배의 무게를 조절하고 가라앉거나 뜨게 하는 방식이다.

　이를 활용해 수중에서 자유롭게 기동할 수 있는 잠수함이 1621년에 처음으로 탄생했다. 영국 해군에 고용된 네덜란드 발명가 드레벨이 제작했다. 최초의 군사용 잠수함은 미국 독립전쟁 시기에 발명가 데이비드 부시넬이 1775년 제작한 공격형 잠수함 '터틀'이다. 1인용 수동 잠수정으로 수중에서 최대 시속 4.8㎞로 항해가 가능하고 외부 공기 공급이 없이도 30분간 호흡할 수 있다. 적함 밑바닥까지 접근해 폭약을 설치해 터트리는 방식으로 해상 작전을 펼쳐 전략무기로 떠올랐다.

　이를 더욱 발전시킨 건 1800년 영국 해군을 공격하기 위한 잠수함 '노틸러스'를 제작한 미국 발명가 로버트 풀턴이다. 길이 6.5m의 이 잠수함은 수심 7m까지 잠수해 6시간 동안 수중을 자유롭게 항해할 수 있다. 산업화 시대에 들어서면서 기계의 힘으로 움직이는 최초의 잠수함은 1863년에 등장했다. 프랑스 해군제독이던 시몬 부르주아가 최초의 기계추진식 잠수함 '플로저'를 개발하고 이후 잠수함의 추진 동력은 전기 배터리로 바뀌게 됐다.

잠수함 추진 방식은 원자로를 사용하는 핵추진잠수함과 재래식 내연기관+축전지를 사용하는 디젤잠수함으로 구분된다. 재래식 잠수함의 시작은 독일이 2차 대전 때 개발한 고성능 잠수함 '타입 21'이다. 유선형인 이 잠수함을 기점으로 잠수함의 수중 속력이 수상 속력을 앞지르게 됐다. 제한된 수중 활동만 가능했던 가잠함(필요할 때만 잠수 가능한 군함)에서 완벽한 수중 작전이 가능한 진정한 잠수함 시대를 연 것이다. 덕분에 제2차 세계대전 중 독일 잠수함은 핵심 전력무기로 자리 잡았고 전 세계 해군에게 가장 두려운 존재가 됐다. 대표적인 것이 독일 잠수함 'U-48'이다. 12번 출동해 총 51척을 격침시키고 3척에 손상을 입히는 전공을 세웠다.

최초의 핵(원자력)추진 잠수함은 미국에서 '원자력 해군의 아버지'로 추앙받는 하이먼 G. 리코버 미 해군제독과 미국 전문가 그룹이 개발한 '노틸러스'다. 전략 원자력 잠수함은 세계 6개국만이 보유한 가장 강력한 무기로 비대칭전력의 핵심으로 꼽힌다.

탄도미사일을 운용하는 핵추진(원자력)잠수함의 함종 분류기호는 SSBN으로, 최초로 실용화한 미 해군에서 명명했다. SS는 Ship Submersible(잠수함), B는 Ballistic(탄도 미사일), N은 Nuclear(원자력)를 의미하는데, 현존하는 잠수함 중 가장 크고 가장 강력한 무기를 갖췄다. 순항미사일 원자력 잠수함은 SSGN, 탄도미사일을 운용하지 않는 공격형 원자력 잠수함은 SSN으로 불린다. 추진 체계가 다른 탄도미사일을 탑재한 재래식 잠수함은 SSB로 호칭된다.

미국의 핵추진잠수함은 등급에 따라 몇 가지로 나뉜다. '로스앤젤레스급' 잠수함과 '시울프급' 잠수함, 제러드 버틀러 주연의 영화 〈헌터 킬러 (2018)〉에 등장하는 '버지니아급' 잠수함 등이다. 현재 미 해군은 세 종류의 잠수함을 운용하고 있다. 임무 목적에 따라 공격잠수함(SSN), 탄도미사일 잠수함(SSBN), 순항미사일 잠수함(SSGN)이다. 이들 공통점은 추진 체계가 핵추진잠수함이라는 점이다.

1972년 최초의 로스앤젤레스급 핵추진 고속공격 잠수함이 등장했다. 1976년 첫 취역해 총 62척이 건조돼 세계에서 가장 많은 원자력 잠수함이다. 이 급으로 분류되는 23척의 잠수함은 얼음 아래에서도 운항할 수 있도록 설계됐다. 하이드로플레인(고속의 모터보트에 채택하는 선형)을 몸체 좌우가 아닌 세일(함체 위에 튀어나온 부분)에 배치한 덕분이다.

배수량은 부상 시 6,082톤, 잠수 시 6,927톤이다. 길이는 110m이며 추진기는 1기의 S6G원자로(150~165㎿)가 적용됐다. 속도는 부상과 잠항 시 모두 20노트(시속 23마일·약 37㎞)이며, 잠수 깊이는 290m에 달한다.

로스앤젤레스급 다음 등급은 시울프급이다. 1997년 취역했다. 해양동물의 이름을 따서 명명했다. 시울프급은 로스앤젤레스급의 후속으로 1983년에 디자인 작업을 시작해 10년간 29척의 잠수함이 건조될 예정이었지만 12척으로 축소됐다.

부상 시 8,600톤, 수중에서는 9,138톤이다. 속도는 무음으로 20노트(시속 37㎞), 최대 35노트(시속 65㎞)가 가능하다. 무제한 항속거리를 가지고 있고, 테스트 잠수 깊이는 490m에 이른다. 50기의 토마호크 함대지

공격 미사일, 하푼 대함 미사일, Mk 48 유도 어뢰 등을 탑재했다. 이전의 로스앤젤레스급 잠수함보다 더 크고, 더 빠르고, 훨씬 조용하다. 더 많은 무기를 탑재하기 위해 어뢰관도 두 배나 늘었다.

2004년에 취역해 SSN-774급으로도 알려진 버지니아급 잠수함은 핵추진 순항미사일 고속공격 잠수함이다. 스텔스와 정보 수집 및 최신 무기 시스템 기술을 통합한 미 해군의 최신형 잠수함 모델이다. 미 해군은 최근 로스앤젤레스급 잠수함을 버지니아급 잠수함으로 대체하고 있다.

제작비용은 2023년 기준으로 35억 달러(약 4조 5,000억 원)에 이른다. 길이는 115m와 140m 두 형태가 있다. S9G 원자로로 추진되며 28만 마력(210MW)의 힘을 발휘한다. 2개의 스팀터빈으로 4만 마력(30MW)의 출력이 가능하다. 속도는 25노트(시속 46km) 이상으로, 항속거리는 무제한이다. 시험 잠수함 잠수 깊이는 240m에 달한다. 버지니아급 잠수함은 대잠수함 작전, 정보수집 작전 등 광범위한 해상 및 연안 임무를 위해 설계됐다.

오하이오급 잠수함은 1981년부터 미 해군에서 운용하기 시작해 성능 개량을 통해 현재 전략핵잠수함의 대명사로 통한다. 오하이오급 잠수함은 미 해군의 잠수함 중 가장 크게 설계됐다. 오하이오급 원자력 잠수함에는 미국 해군의 탄도미사일 잠수함(SSBN) 14척과 순항미사일 잠수함(SSGN) 4척이 있다. 각각 1만 8,750톤의 배수량을 가지고 있다.

오하이오급 SSBN은 미 공군의 전략 폭격기, 육군의 대륙간탄도미사일(ICBM)과 함께 미국의 핵 억제를 위한 3대 핵 전력자산 중 하나다. 14척의 SSBN은 미국의 능동형 전략 열핵탄두의 약 절반을 싣고 있다.

오하이오급 선두 잠수함은 USS 오하이오이다. 오하이오급 잠수함들은 대다수가 미국의 주에서 이름을 따왔다. 배수량은 해상에서는 1만 6,764톤, 수중에서는 1만 8,750톤에 달한다. S8G 원자로로 가동되며 2개의 기어 달린 터빈으로 3만 5,000마력(26㎿)의 추진력을 과시한다. 길이는 170m, 해상 속도는 12노트(시속 22㎞), 수중 속도는 25노트(시속 46㎞)에 달한다. 잠수 깊이는 240m, 22개 발사관에 각각 7발의 토마호크 순항미사일을 탑재해 총 154발이 탑재된다.

미 국방부는 2020년 2월 4일 오하이오급 전략 핵잠수함(SSBN) 등에 W76-2 저위력 잠수함 발사 탄도미사일용 탄두를 실전 배치했다고 발표했다. 저위력 핵탄두란 기존의 전략무기급 핵탄두의 폭발력을 전술핵 수준으로 크게 낮춘 탄두다. 잠수함용 핵탄두의 경우 TNT 9만 톤이 한꺼번에 터지는 것과 같은 90kt(히로시마 투하원폭 약 20kt)의 폭발력을 가졌다. 새롭게 배치된 W76-2는 20분의 1 정도에 해당하는 약 5kt 수준이다. 이 조치는 적대국에 대한 미국의 억지력을 강화하고 신속한 사용이 가능해 생존력을 높인 저위력 전략무기를 구축하기 위한 것이다.

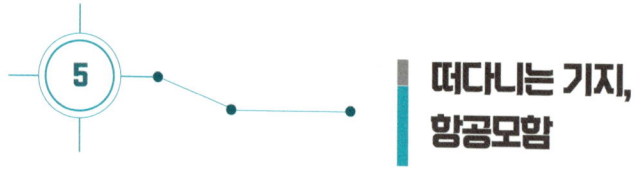

5 떠다니는 기지, 항공모함

항공모함은 '바다 위에 떠다니는 군사기지'로 불린다. 미국과 영국, 프랑스, 러시아, 스페인, 이탈리아 등 10개국 정도만 항공모함을 보유할 정도로 건조비와 운용비가 막대하게 들어가는, 해군력을 상징하는 전략자산이다. 한 척당 건조 가격은 크기와 추진방식, 탑재장비 등의 제원에 따라 달라지는데 일반적으로 약 2조 5,000억 원 ~ 7조 5,000억 원에 이른다. 유지비는 연간 3,000억 원~5,000억 원 수준이다.

특히 미 항공모함이 한반도에 접근하면 북한이 예민하게 반응할 만큼 미 해군의 전략자산으로 꼽힌다. 항공모함은 공해 어디든 작전이 가능하며 90대가 넘는 함재기를 운용해 웬만한 나라의 전체 공군력에 버금가는 전력을 자랑한다. 이 때문에 전 세계 바다를 누비는 미 항공모함은 미국 군사력의 상징으로 평가받는다.

적성국 근해 출동 자체만으로도 군사적 억지력이 되는 항공모함은 혼자 움직이지 않는다. '항모강습단(항공모함·항모비행단·순양함·구축함·호위함·잠수함·조기경보기 등)' 부대를 편성해 운영된다. 예컨대 미 7함대는 항공모함 한 척에 이지스 구축함 일곱 척과 순양함 두 척, 상륙함 네 척,

핵추진잠수함 세 척이 같이 움직이며 적의 위협에 대비하는 동시에 대규모 지상 작전 지원을 수행한다. 총 병력은 6만여 명에 달한다.

항공모함 1척의 제원을 보면 길이 333m, 너비 77m로 갑판 크기가 축구장 3개와 맞먹는다. 높이는 63m다. 격납고에서 비행기나 헬리콥터 등을 갑판 위로 이동하는 데 쓰이는 엘리베이터만 해도 길이 30m, 너비 20m가량이다. 만재 배수량은 9만 7,000톤에 달한다.

미 항공모함 1척이 탑재하는 항공기는 전투기 슈퍼호넷(F/A-18 E/F)·호넷(F/A-18), 공중조기경보기 호크아이(E-2C), 방해 전파를 발사해 적의 레이더를 교란하는 그라울러 전자전기(EA-18G), 대잠수함 작전을 수행할 수 있는 해상작전헬기(MH-60 R/S) 등을 비롯한 각종 항공기 70~80여 대로 이뤄진 8개 비행중대 규모다.

핵심 공군력인 F/A-18 전투기는 최대 속도가 마하 1.7에 달하고 목표물을 정확히 타격할 수 있는 GPS유도폭탄인 JDAM을 11발까지 장착할 수 있다. 항모강습단의 눈 역할을 맡는 호크아이에 탑재된 AN/APS-145 레이더는 반경 550km까지 탐색하고 2,000개 이상의 목표물을 한 번에 탐지할 수 있다.

원자로 2기를 이용해 4개의 증기 엔진이 뿜어내는 힘은 26~28만 마력에 달한다. 최대 속력은 30노트(시속 55km) 이상으로 20년 동안 연료 재공급 없이 임무를 수행할 수 있다. 근무 장병은 4,000~4,200명이고, 비행부대 장교가 220명, 사병은 1,200명 안팎이다. 함대 장교는 160명, 사병은 2,700명 정도다.

순양함은 총 24개 표적을 한 번에 대응할 수 있고, '시스패로 함대공미사일'과 최대 사거리가 2,500km인 '토마호크 크루즈 미사일'이 탑재돼

항모 전단의 핵심 화력으로 활용된다. 일부 순양함은 바다의 사드라 불리는 'SM-3' 요격 미사일이 탑재돼 있다.

구축함 역시 탄도미사일 요격용 '스탠더드-2 미사일'과 토마호크로 무장했다. 통상 항모 전단을 상시 호위하는 로스앤젤레스급 공격잠수함은 12개의 토마호크 미사일 발사관을 갖추고 있다. 1개 항모강습단이 쏠 수 있는 토마호크 미사일은 1,000발 정도다.

이처럼 항모를 따라다니는 9,600톤급 이지스 구축함과 9,600톤급 미사일 순양함, 군수지원함, 핵미사일을 탑재한 전략핵잠수함(SSBN) 등도 함께 한다. 따라서 미 항공모함 1척이 움직이면 순양함 1척, 구축함 3~4척, 로스앤젤레스급 핵잠수함 1~2척이 집결하는 셈이다.

경우에 따라서 초대형 상륙강습함도 동원될 수 있다. 이 경우에 항모강습단의 위력은 훨씬 강력해진다. 상륙강습함 와스프함(LHD-1)의 경우 배수량 4만 1,000톤으로 웬만한 중형 항모와 맞먹는다. 예를 들어 한반도 유사시 가장 먼저 투입되는 일본 오키나와의 제31 미 해병원정대 소속 해병대원 2,200여 명을 실어 나르고 화력 지원 임무를 수행한다.

여기에 F-35B 스텔스 전투기를 비롯해 CH-53·CH-46 중형 수송헬기, AH-1W 공격헬기, MV-22 오스프리 수직이착륙기 등 항공기도 31대 탑재할 수 있다. 1개 항모강습단의 공격력이 배가되는 것이다.

이 같은 군사적 위상 때문에 동북아시아도 최근 항공모함 도입 경쟁에 불이 붙었다. 중국이 2035년까지 6척의 항공모함을 확보하는 것을 목표로 항공모함 전력 증강에 박차를 가하고 있다. 현재 랴오닝과 산둥함 2척을 운용 중이다. 3번함인 푸젠함은 시운전 단계고 4번함은 설계 중이다. 3번함 푸젠함은 중국 자체 설계 항공모함이며 4번함부터는 핵추진 항공모함이 될 가능성이 높다. 일본도 2019년에 게임체인저 개발을 선언하며 F-35B 스텔스기를 탑재한 항공모함 도입을 추진하고 있다. 기존 헬기 탑재형 호위함 2척('이즈모' '가가')을 개조해 경항공모함으로 활용할 계획이다.

올해 1월 중순 한반도 인근에 이례적으로 미 해군 원자력 추진 항공모함 3척이 집결했다. 미 해군연구소(USNI)가 운영하는 군사 전문매체 USNI뉴스에 따르면 항공모함 시어도어 루스벨트함(CVN-71)이 1월 말쯤 미 해군 7함대 작전구역에 진입하면서 로널드 레이건함(CVN-76), 칼빈슨함(CVN-70) 등 3척의 항공모함이 동시에 모였다.

미 해군 7함대 관할 작전구역에는 한반도가 포함된다. 3척이 한국 작전구역(KTO)에서 작전 등에 직접 투입된 것은 아니지만, 한반도 인근에 항공모함 3척이 모인 것은 2017년 북한이 6차 핵실험 강행 이후 처음이다. 이렇게 미 해군의 자존심인 핵추진 항공모함 3척이 함께 모이면 그 위력은 어느 정도일까.

영국 일간지 〈타임스〉에 따르면 군함과 전투기, 미사일 등으로 무장한 항모(칼빈슨호) 강습단의 전체 전력이 140억 달러(약 15조 원)에 달한다. 따라서 미 해군 3개 항모강습단은 45조 원 규모로 올해 국방 예산 59조 4,000억 원과 비교하면 한국의 1년 국방비 75%에 달하는 전력이 집결한 것이다. 미 항공모함 3척이 움직이면 이지스 순양함 3척, 구축함 9·12척, 로스앤젤레스급 핵추진잠수함 3~6척이 집결해 웬만한 나라의 해·공군 군사 전력을 능가한다.

6 한국형 경항모 vs 핵잠수함

 북한이 9·19 남북군사합의 전면 파기 선언 후 비무장지대(DMZ) 내 최전방 감시초소(GP) 복원과 병력 및 무반동총 등 중화기를 투입하며 군사적 위협 수위를 끌어올려 안보 위협 요인이 확대되는 만큼 기존 '한국형 3축 체계'(킬체인-한국형미사일방어-대량응징보복 체계의 3중 시스템)보다 더 강력한 대북 확장억제력이 필요하다는 주장이 군 안팎으로 나오고 있다.
 예컨대 '바다에 떠다니는 군사기지'로 불리는 '한국형 항공모함' 또는 '게임체인저'(Game Changer)로 불리는 '핵추진 잠수함'을 도입해야 한다는 주장이다.
 한국형 경항공모함 도입은 북한의 해·공군력에 맞먹는 전력을 갖추는 동시에, 공해 어디에서든 국익을 지킬 수 있는 군사력을 과시해 한반도 주변국에게도 두려운 존재로 부상하는 우리 군사력의 상징으로 꼽힌다. 단적으로 인도가 자체 개발한 국산 항공모함을 보유한 뒤 미국과 러시아, 중국에 이은 4위의 군사력 보유 국가로 급부상했다.
 이에 버금가는 것이 원자로를 동력원으로 사용하는 한국형 핵추진잠수함 도입이다. 북한의 감시체계를 피해 수중에서 북의 도발에 대해 강력하게 응징할 수 있는 수단이다. 핵추진잠수함은 디젤엔진을 쓰는 재래식 잠수함과 달리, 장기간 해저에 잠복해 위성 정찰 등에서 벗어나 은밀히 작전을 수행할 수 있다. 고속잠항도 가능해 북한이 개발하려는 핵잠수함을 추적해 파괴하는 고속공격 원잠(SSN)으로 활용할 수 있다는 강점이 있다.

이 같은 군사적 효용성으로 한국형 경항공모함과 핵추진잠수함 모두 북한이 두려워할 전략자산이 될 수 있다. 문제는 개발 및 건조·운영·유지에 상당한 비용과 시간이 들기 때문에 동시에 추진하기는 쉽지 않다는 실정이다.

다만 최대 300개에 달하는 핵무기를 만들 수 있는 북한의 무력 도발을 억제할 수 있는 자주국방의 안전판이라는 점에서 군 안팎에서는 둘 중 무엇이 됐든 우선순위를 정해 서둘러 도입해야 한다는 주장에 힘이 실리고 있다.

그렇다면 한국형 경항모와 핵잠수함 중 무엇을 더 시급하게 도입해야 할까.

우리 정부는 2021년 경항공모함(3만 톤) 도입을 전격 선언했다. 당시 국방부는 '2021~2025년 국방중기계획'에서 경항모 확보사업을 처음으로 공개적으로 명시했다. 경항모 추진 배경은 비용 절감을 위해 일반적인 대형 항모보다 크기와 배수량은 줄이되 막강한 전투능력을 갖춰 효율성을 높이겠다는 것이다. 이 사업은 '한국형 항공모함 도입 사업'으로 불렸다.

해군이 구상하는 경항모의 만재배수량은 대략 4만 톤 전후다. 미 해군

 주력인 니미츠급 항공모함들의 만재 배수량이 대략 11만 톤 전후인 것과 비교하면 체급은 훨씬 작다. 하지만 경항모에 전투기 기종이나 작전 운용상황에 따라 6~20대 정도의 함재기를 탑재해, 주변국의 위협에 효과적으로 대응할 수 있게 손색 없는 전력으로 구성한다는 방침이다.
 해군이 자체 추산한 경항모의 길이는 265m, 폭은 약 43m다. 미국 니미츠급 항모는 길이 대략 300m, 너비 70~80m에 달해 함재기를 최대 90대까지 탑재할 수 있다.
 다만 문재인 정부의 경항모 사업 추진 계획은 윤석열 정부가 들어서면서 숨고르기에 들어간 상황이다. 정부는 사업유지를 위한 최소한의 수준인 기본설계 예산 72억 원을 책정했지만 현재 입찰공고도 못 해 기본설계 절차도 시작하지 못하고 있다.
 2023년, 2024년 정부예산안에도 경항공모함사업 관련 예산이 명시되지 않았다. 주관 부처인 방위사업청은 사업이 종료된 것이 아니며 관련

연구가 계속되고 있다는 입장이다. 이 때문에 경항공모함 사업을 폐기하지는 않겠지만 당초 계획됐던 기간 내에 도입되기는 쉽지 않은 분위기다. 북한의 핵·미사일 도발을 막기 위한 3축 체계 구축이 시급하다 보니 상대적으로 경항모 사업은 후순위로 밀려났다는 평가가 나온다.

김정은 북한 국무위원장이 블라디미르 푸틴 러시아 대통령과 정상회담을 통해 북한에게 절실하게 필요한 핵추진잠수함 등의 첨단군사 기술을 제공받았을 가능성이 커지고 있다. 이에 일각에서는 북한이 핵추진 잠수함과 군사정찰위성과 관련한 군사력을 업그레이드한다면 한국 군 자체적으로 핵무기를 직접 운용해 대응하는 게 훨씬 실효성이 높다는 주장이 나온다.

따라서 북한의 비대칭 전력에 대응하기 위해 우리 군도 한국형 핵추진 잠수함을 도입·확보해야 한다는 목소리가 커지고 있다. 북한의 지상·해상 핵 위협을 감시하려면 물속에서 오랫동안 고속기동할 수 있는 '진짜 잠수함'인 핵추진잠수함 외에는 대안이 없다는 것이다.

속력 면에서 핵추진잠수함이 KTX라면 디젤잠수함은 완행열차로 구분된다. 핵추진잠수함은 평균 시속 37~47㎞로 지구 한 바퀴(4만120㎞)를 도는 데 40여 일이 걸린다. 반면 디젤잠수함은 평균 시속 11~15㎞로 140여 일이 필요하다. 특히 핵추진잠수함은 도중에 연료 재보급과 기항지가 필요 없다.

수중작전 능력 측면에서도 핵추진잠수함은 무제한이다. 하지만 디젤잠수함은 매일 의무적으로 수면 가까이 올라와야 하고 속력 및 수중작전 지속능력이 떨어지는 현실적 한계가 존재한다. 공격능력 면에서 핵추진 잠수함이 헤비급 펀치라면 디젤잠수함은 플라이급 펀치 수준이다. 생존

능력(은밀성) 역시 핵추진잠수함이 스텔스함이라면 디젤잠수함은 세미 스텔스함으로 평가된다.

한국형 핵추진잠수함 모델로는 프랑스 바라쿠다급(5,300톤) 핵추진잠수함이 꼽힌다. 바라쿠다급 잠수함은 농축률이 20% 미만인 핵연료를 사용하는 만큼 고농축을 제한한 한미원자력협정 위배 논란을 피할 수 있는 장점도 있다.

바라쿠다급 핵추진잠수함은 안전잠항 심도 400m, 최고 속력은 수중 25노트(시속 46㎞), 수상 14노트(시속 26㎞)로 60명의 승조원이 탑승한다. 최대 70일까지 작전이 가능하다.

한국형 핵추진잠수함 도입도 경항모처럼 안타깝게 아직 진행형이다. 유사시 대응능력이 강화된 3,000톤 도산 안창호급 잠수함 3번함인 신채호함을 마지막으로 전력화를 완료한 이후, 무장 탑재와 잠항 능력이 향상된 3,600톤급 및 4,000톤급 잠수함 건조가 추진되고 있다. 해군은 이들 잠수함부터 핵추진잠수함으로 도입할 구상이었지만 대통령실과 군 지휘부는 여전히 최종 결정을 내리지 못하고 있다.

그나마 다행인 것은 육군 출신 군 지휘부가 경항공모함 도입은 반대하지만 핵추진잠수함 도입에는 우호적인 것으로 알려졌다.

북한 초대형 방사포 vs 국군 천무

  동시에 많은 로켓을 발사할 수 있는 다연장로켓(MLRS)은 광범위한 지역을 포격할 수 있는 로켓포다. 포탑에 2문 이상의 대포를 장비하고 있고, 일반적인 화약 격발식 화포가 아니라 로켓이다. 북한군은 다연장로켓포를 '방사포'라 부른다.

  북한군의 주력은 122㎜와 240㎜ 견인방사포다. 견인방사포는 기존 차량에 탑재된 방사포로, 평시에는 화포만 운용하고 유사시 차량이나 트랙터 등으로 견인해 운용할 수 있도록 개조한 방사포다. 최근에는 사거리 연장탄과 정밀유도탄 등 특수탄을 활용해 성능을 개량했다. 특히 신형 300㎜ 이상 방사포에는 GPS 유도 기술을 탑재해 보다 멀리 쏘면서도 명중률 오차를 줄였다. 200㎜ 이상의 구경을 가진 대구경(조종) 방사포탄은 로켓포탄에 유도장치까지 장착해 단거리 탄도미사일과 비슷한 사거리를 날아가기 때문에 기습적인 대량 집중 공격으로 우리 수도권을 무력화시킬 수 있어 가장 위협적인 무기 중 하나로 꼽힌다.

  2022년에 발간된 〈국방백서〉에 따르면 북한은 최근 사거리 신장과 정밀유도가 가능한 300㎜ 이상 방사포와 600㎜급 초대형 방사포라 주장하는, 사실상 단거리 탄도미사일 성능을 지닌 로켓포를 개발했다. 한반도 전역을 타격할 수 있게 최전방 주변에 초대형 방사포 위주로 화력을 대폭 보강한 것이다.

북한의 300㎜ 방사포는 사정거리가 250~300㎞로 서울과 수도권이 사정권에 든다. 600㎜ 방사포 역시 사거리가 400㎞ 이상으로 평택과 오산은 물론, 멀리는 주일 미군기지까지 사정권에 들어 '탄도로켓포'로 불린다. 단거리 탄도미사일(SRBM)인 북한판 이스칸데르(KN-23)·북한판 에이태큼스(KN-24)와는 다소 차이가 있지만 북한의 신형 전술무기다. 게다가 둘 다 핵탄두 및 생화학무기 장착이 가능해 매우 위협적이다.

무엇보다 두 방사포는 사거리가 단거리 미사일과 유사해 레이더 궤적만으로는 탄도미사일과 혼동될 때가 많다. 탄두에 고위력 포탄을 장착하면 탄도미사일의 특성인 포물선 비행이 가능하기 때문이다. 탄도미사일과 유사한 비행특성을 보인 탓에 실제로 합동참모본부가 '단거리 미사일'로 분석하고 발표했다가 40여 분 만에 '단거리 발사체'로 수정해 발표한 사례도 있다.

가장 큰 골칫거리는 북한이 300㎜ 이상 초대형 방사포에 미사일처럼 유도 기능을 장착했다는 것이다. 방사포탄은 탄두중량이 150㎏ 안팎으로 파괴력이 수류탄 수준에 불과하지만 위성항법장치(GPS 또는 GLONASS) 등을 통해 정밀도를 높이고 구경을 늘려 비행거리를 연장한다면 탄도미사일급의 저렴한 정밀유도무기로 탈바꿈하게 된다.

여기에 탄도미사일보다 작고 비행고도도 낮은 데다 여러 발이 동시에 날아오기 때문에 탐지 및 요격도 쉽지 않다. 이동식 발사대(TEL)만 확보된다면 대량생산을 통해 실전배치할 수 있게 되며, 그럴 경우 한미 군 당국 입장에서는 남쪽으로 날아오는 수백 발의 방사포탄에 대응하는 과정에서 정확한 판단과 신속한 대응을 위해 적지 않은 시간이 소모돼 효과적인 작전에 차질을 초래할 수밖에 없다.

이처럼 대구경 방사포에 유도장치를 단다면 한국의 주요 군사시설과 산업시설은 유사시 매우 큰 피해를 입을 수 있다. 방사포는 미사일이 아니라 포탄이기 때문에 우리 군이 구축 중인 한국형 미사일방어체계(KAMD)로도 요격할 수 없다. 북한의 초대형 방사포 대응책 마련이 급선무로 떠오른 이유다.

특히 우크라이나 전쟁에서 다연장로켓시스템(MLRS)은 자주포(북한은 '장사정포'로 부른다)와 함께 재래식 전장의 판도를 결정하는 중요한 무기체계로 입지를 재정립하고 있다. 고속기동포병로켓시스템(HIMARS·하이마스)의 활약에서 알 수 있듯, 다연장로켓은 과거 대량의 화력을 광범위하고 빠르게 투사하는 역할에서 벗어나 정밀유도탄을 활용해 목표물에 정확히 화력을 집중하는 무기체계로 변모하고 있다.

그렇다면 북한 방사포에 대해 한국군은 어떻게 대응할 수 있을까. 우리 군은 현재 사거리 최대 30km인 구룡 150여 문, 사거리 45km 미국제 M270 MLRS, 58문, 사거리 80~160km 천무 360여 문 이상 등 총 500여 문의 다연장포를 보유해 운용 중이다. 그러나 남북 간 방사포, 즉 다연장로켓포 경쟁에서 우리 군은 리치와 펀치력 모두 열세라는 평가를 받는다.

그나마 'K239' 천무가 '한국형 3축 체계'의 주요 축으로 북한의 방사포에 효과적인 대응할 무기체계로 꼽힌다. 강력하고 정밀하며 연속적인 화력 투사 능력을 바탕으로 북한의 방사포 등 도발 원점을 타격하는 킬체인(Kill-Chain)과 대량응징보복(KMPR)용 무기체계로 불린다.

천무는 미군 하이마스 대비 두 배의 탄약 운용능력을 자랑한다. 하이마스는 미군이 자국 군용으로 운용하던 5톤 트럭(FMTV)의 차대에 다연장로켓 발사대를 장착한 차륜형 다연장로켓이다.

천무는 230㎜급 유도탄을 단·연발로 12발까지 쏠 수 있다. 구룡과 같은 구경의 130㎜ 포드(POD) 화탄은 1개 포드에 20발씩 총 40발을 일제히 투사할 수 있다. 미군의 227㎜ MLRS탄 역시 운용할 수 있다. 차륜형인 천무 발사대 차량은 최고 속도가 시속 80㎞에 달해 기동성뿐만 아니라 사격 장소 도착 이후 7분 만에 초탄을 발사할 수 있는 신속 대응 능력, 승무원 생존성 보장을 위한 방호력도 구비했다.

단독 임무 수행을 위한 통신 및 사격통제장치도 보유하고 있다. 신속한 탄약 재장전과 타이어 펑크 시에도 자동으로 공기압을 조절해 이동할 수 있는 시스템을 갖췄다.

이 같은 뛰어난 성능 덕분에 폴란드에 수출되어 K방산의 자존심도 세웠다. 폴란드 수출형 천무 발사대의 제식명칭은 'WR-300 호마르-K(HOMAR-K)'다. 지난 2022년 10월 기본계약 체결 이후 같은 해 11월 5조 원 규모의 1차 실행계약을 체결했다. 1차 실행계약에 따라 폴란드는 총 218대의 호마르-K를 도입하기로 했다. 호마르-K에는 사거리 80㎞의 유도탄과 사거리 290㎞의 장사거리 유도탄이 탑재된다.

천무에 탑재 가능한 로켓탄은 생각보다 훨씬 다양하다. 우크라이나와 러시아 전쟁에서 위력이 입증된 미국 하이마스가 6발의 로켓을 탑재하고 전술 탄도미사일인 ATACMS는 단 한 발만을 장착할 수 있지만, 천무는 130㎜(포드당 36발), 227㎜(포드당 6발·2개 포드), 230㎜(포드당 6발·2개

포드)를 발사할 수 있다.

  227㎜ 로켓의 경우 무유도탄은 80㎞, 유도로켓은 160㎞까지 날아가 북한 주요 군사 거점을 모두 타격할 수 있다. 유도로켓은 현재 우크라이나 전쟁에서 하이마스에 장착돼 사용 중인 GMLRS, 즉 GPS 유도형 로켓과 매우 유사한 체계다. 즉 차량 한 대가 발휘할 수 있는 화력의 수준은 천무가 미국의 하이마스보다 훨씬 높다. 최근엔 230㎜급 유도탄을 개량한 천무-Ⅱ도 선보였다. 핵심은 기존 운용 중인 230㎜급 유도탄을 400㎜급으로 확대한 것이다.

  다연장로켓 체계의 최근 발전 추세는 고속기동, 장거리 정밀탄 탑재, 고위력화로, 궤도형보단 차륜형으로 개발돼 생존성을 확보하고 있다. 이는 북한의 초대형 방사포와 우리의 천무의 가장 큰 차이점이다. 로켓 추진기관의 성능 향상으로 적 전방은 물론, 후방의 주요시설과 전투장비까지 타격할 수 있는 장거리 타격이 가능하게 진화하고 있다. 무엇보다 고폭탄·파편탄·정밀탄 등 다양한 탄약을 탄두에 탑재해 목표 특성과 작전 성격에 따라 선택 운영할 수 있어, 향상된 파괴능력으로 지상화력의 주력 무기체계로 부각되고 있다.

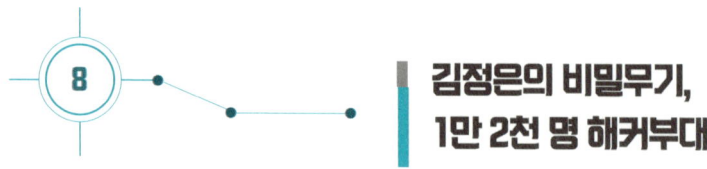

8 김정은의 비밀무기, 1만 2천 명 해커부대

　미 경제주간지 〈블룸버그 비즈니스위크〉가 미국 정부와 유엔 안전보장이사회 자료를 인용해, 북한 해커부대가 최근 3년간 사이버공격으로 취득해 김정은 손으로 들어간 부정 수익의 규모는 23억 달러, 우리 돈으로 3조 3,800억 원에 달한다고 보도했다.

　〈월스트리트저널(WSJ)〉도 미 국방부와 정보당국 관계자를 인용해 북한의 해커부대가 2023년 한 해만 갈취한 가상자산(가상화폐) 규모가 약 2조 1,300억 원, 최근 5년 동안은 약 4조 원에 달하며, 이렇게 훔친 가상자산을 탄도미사일과 핵무기 개발 자금으로 사용했다고 전했다.

　북한의 인터넷 사용층은 전체 인구의 1%밖에 안 된다. 그런데도 세계 3~5위 수준의 막강한 해커부대를 운용하는 것으로 알려졌는데, 일찌감치 유소년 시절부터 재목을 발굴해 특별 관리하면서 엘리트로 육성하고 있다. 2023년 세계 해킹대회를 통해 북한의 젊은 해커 실력은 그대로 증명되었다. 전 세계 1,700여 명이 참가한 미국 IT기업인 해커어스(HackerEarth) 주최 해킹대회에서 북한 김책공대 재학생이 800점 만점으로 1위를 차지했다. 2위도 김일성대, 3~4위도 김책공대가 차지하며

1~4위를 북한 대학생이 휩쓸었다.

북한의 해커부대가 세계적인 수준을 갖추게 된 것은 김정은 국무위원장이 직접 3대 전쟁수단의 하나로 지목하면서 집중 육성한 덕분이다. 북한의 해커부대는 37년 전인 1986년 김일성군사종합대학에서 5년 과정으로 전산요원을 배출해 군 관련 보직에 배치하기 시작한 게 시발점이다. 이들 요원 가운데 별도 선발 과정을 거친 가장 뛰어난 자원들을 군사전문 해킹요원으로 구성해 해커부대를 운영한 것이 모태다.

김정은 국무위원장에게 해커부대는 핵과 미사일 개발 자금을 조달하는 것은 물론이고 제재로 어려움에 빠진 북한 경제까지 뒷받침하는 '만능 보검' 같은 존재다. 대북 제재로 경제가 막힌 북한의 최고지도자에게 통치자금을 확보해주는 돈줄이자 생명줄 역할을 수행하기 때문이다.

김정은 국무위원장이 후계자 시절부터 노동당과 인민군이 관리하던 사이버 부대를 직속으로 두고 실적을 독려할 만큼 해커부대에 대한 애정이 아주 높다는 것은 공공연히 알려진 사실이다. 일각에서 김정은 국무위원장의 최애 비밀 병기가 북한 해커부대라고 지목하는 것은 이 같은 까닭에서다. 그 증거는 김정은 국무위원장이 "해커를 양성할 때 출신 성분을 따지지 말고 실력 좋은 인재는 무조건 뽑으라"고 지시했다는 북한 매체의 보도에 그대로 드러난다. '혈통'에 따라 거주지와 직업 등 사회적 신분이 결정되는 북한에서 혈통과 무관하게 '실력'에 따른 인재 기용은 매우 이례적이다.

북한의 해커부대 규모는 얼마나 될까. 국방부가 2022년 발행한 〈국방백서〉에 따르면 북한은 6,800여 명의 사이버전 인력을 운영하고 있다. 미국과 중국, 러시아, 이스라엘에 이어 세계 5위 수준이다. 일부 전문가들은 정예 요원을 보좌하는 차세대 핵심 인력까지 포함하면 1만 2,000명에 달하는 것으로 내다보고 있다.

해커부대의 핵심은 북한 정찰총국이다. 이들이 세계 금융회사와 암호화폐거래소에서 수조 원의 돈을 털고, 한국의 원전 기술도 빼가고 있다는 것은 잘 알려진 사실이다. 이에 맞설 국방부 사이버작전사령부 인원은 1,000여 명에 불과하다.

북한 정찰총국은 산하 김수키, 라자루스, 안다리엘, 블루노로프 같은 세계 최고 수준의 악명 높은 해커 그룹을 점조직으로 운영 중이며, 중국과 러시아, 인도, 말레이시아 등지에서 활동하고 있다. 북한 해커조직의 주된 임무는 군사 외교 기밀 수집, 대남 공작 활동, 가상화폐 탈취로 외화벌이 등 다양하다.

최근에는 안보 분야가 아닌 한국원자력연구원과 대우조선해양, 한국항공우주산업(KAI) 등 첨단산업 분야의 전산망까지 북한 해커조직들에 해킹당하고 있는 실정이다. 북한 해킹에 무방비로 당한 것은 어제오늘 일도 아니다. 2014년에는 국방과학연구소의 첨단기술이 대량으로 유출됐고 2016년에 국방부 전산망이 뚫리기도 했다.

심지어 북한 해커들의 수법이 진화하면서 현역 군인을 포섭해 군사기밀을 빼낼 정도다. 북한 해커에게서 비트코인 4,800만 원을 받은 현역 대위가 2급 군사기밀에 해당하는 '한국군 합동지휘통제체계(KJCCS)' 로그인 자료 등을 유출하다가 적발되기도 했다.

북한 해커들은 대부분 정찰총국 제3·5국을 중심으로 인민무력부 총참모부, 국가보위성 제4·6국 소속으로 나눠져 6~7개 점조직으로 활동하고 있다. 공격 대상과 목적에 따라 해킹조직을 세분화한 구조로 운영되고 있는 것이다. 예컨대 국가보위성 소속 해커들은 탈북자를 겨냥한 악성코드를 제작해 이들의 정보를 수집한다.

가장 위협적인 해킹조직으로 라자루스, 김수키, 안다리엘 조직이 꼽힌다. 이들은 모두 정찰총국 산하 단체로 라자루스는 금융 분야 공격을 주도하고, 김수키는 정보 수집을 담당한다. 특히 라자루스 하위 그룹으로 알려진 안다리엘은 가상자산 탈취 등 금융범죄에 특화된 조직이다. 라자루스는 소니픽처스 해킹 사건에 이어 2016년 방글라데시 중앙은행 해킹 사건, 2017년 '워너크라이(WannaCry)' 랜섬웨어 사태의 주범으로 알려졌다.

이 외에 노동당 중앙당 작전부 소속 '기초자료조사실'도 사이버전에 활용할 또 다른 비밀 병기 집단으로 꼽힌다. 이 조직은 대남 자료 수집이 주 임무다. 정찰총국 소속으로 알려진 '121국' 역시 주요 시설의 전산망 마비 같은 사이버 공격을 전담하는 조직으로 유명하다.

북한 해커부대의 사이버전 능력은 어느 정도일까. 규모 면에서 살펴보면 숫자가 확실하게 밝혀지진 않았지만, 미 정부는 중앙정보국(CIA)을 능가한 것으로 보고 있다. 북한의 해커부대는 정예요원 선발 방식과 훈련 과정, 침투 수법도 빠르게 진화하고 있다. 청소년기부터 컴퓨터에 소질을 보이는 영재들을 뽑아 금성 1고·2고, 김책공대, 미림공대, 함흥컴퓨터기술대학 등 IT 전문 대학에 집중 투입해 특수교육을 시킨다.

북한 주민 대부분이 인터넷 등 컴퓨터 사용에 미숙하고 컴퓨터를 접할 기회가 전혀 없지만 선발된 영재는 예외다. 이들을 위해 북한 전역에 내부 통신이 가능한 인트라넷이 구축돼 체계적인 훈련망도 갖춰져 있다. 북한 당국의 대우 역시 파격적으로, 능력만 발휘하면 자신이 원하는 부와 명예를 모두 제공하는 것으로 알려졌다.

　게다가 이들 해커부대는 김정은 휘하 직속부대로 관리된다는 점에서 상당한 자존감을 부여해 충성 경쟁을 유도하고 있다. 북한 당국은 2~3년 전부터 사이버부대의 규모를 빠르게 확장해오고 있는데 이는 북한의 경제사정과도 관련 있어 보인다. 일각에서는 북한군이 정찰총국 산하 사이버부대를 3만~3만 5,000명 규모로 확대 개편하는 방침 아래 전국 상위권 학생들을 전문인력 양성기관에 집중 배치하고 있다는 분석도 나온다.

9 김정은이 가장 탐내는 다섯 가지 전략 무기

　김정은 북한 국무위원장이 핵무력을 질량적으로 강화한다고 선언하며 추진하는 국방력 강화 정책이 있다. 대표적인 것이 국방 분야 '5대 핵심 과업'이다. 사실상 5대 핵심 전략무기를 손에 쥐겠다는 목표로 읽힌다. ①극초음속 미사일 ②고체연료 ICBM ③다탄두 개별 유도 기술(MIRV) ④핵잠수함 ⑤정찰위성 등이다. 모두 '게임체인저'로 꼽히는 무기체계다.

　이들 목표 완성에는 현재 북한의 기술 수준으로는 상당한 시간이 걸릴 것으로 예상된다. 다만 극초음속 미사일과 다탄두 유도기술에 이어 고체연료 ICBM 발사 등을 최근 선보이며 완성도가 상당 수준에 도달한 것처럼 과시했다. 반면 핵잠수함, 군사정찰위성 등은 아직까지 초기 단계 수준으로 평가된다.

　극초음속 무기 개발은 거의 완성 단계에 이른 것으로 보인다. 북한은 2021년 9월 극초음속 미사일 '화성-8형'을 처음 시험발사했고, 2022년 1월에도 두 차례 극초음속 미사일을 시험발사했다. 당시 극초음속 미사일의 최대 속도는 마하 10 내외로 추정됐다. 북한은 좌우 변칙기동 기술까지 적용하는 데 성공했다고 주장했다.

　최근 빈번하게 이뤄지고 있는 ICBM 시험발사는 '1만 5,000㎞ 사정권 내 타격명중률 제고'의 차원으로 여겨진다. 지금까진 정상각도보다 고각으로 시험발사했는데 조만간 태평양을 향해 정상각 발사를 통해 대외적으로 완성도를 과시할 것이라는 전망이 나온다.

　극초음속 미사일은 음속보다 빠른 미사일로 대기권 재진입 뒤 활공 속도가 마하 5(음속의 5배·시속 6,120㎞)를 넘기느냐가 기준이 된다. 보유하고 있는 국가는 미국, 중국, 러시아 정도다.

　고체엔진 기술은 올해 3월 ICBM '화성-18형' 시험발사 때 처음으로 모습을 드러냈다. 당시 단 분리와 변칙 비행까지 기술을 선보였다. 발사 첫 단계에서 동해로 정상각도로 발사돼 놀란 일본이 비상경보까지 울렸다.

　여기에 이른바 '수중 핵어뢰'로 불리는 수중발사 핵전략무기 '해일'을 공개하며 핵잠수함 자체 개발 추진을 과시했고, 2023년 11월 군사정찰위성 만리경 1호를 쏘아 올리면서 5대 과업에 속도를 내고 있음을 공개했다.

　수중발사 핵전략무기는 2023년 3월 24일, 4월 8일 두 차례에 걸쳐 '핵무인수중공격정 해일'의 수중폭파 시험이 보도되면서 실체가 드러났다. 당시 북한은 시험 결과 수중전략무기체계의 신뢰성과 치명적인 타격 능력이 완벽하게 검증됐다며, 은밀하게 개발해온 '비밀병기'가 완성됐다고 주장했다.

　5대 핵심 과업 중 성과가 드러나지 않은 것으로 설계 연구가 끝나 최종 심사 단계라고 주장하는 핵잠수함이 있다. 북한 매체들은 김정은 국무위원장이 잠수함발사순항미사일(SLCM) 시험발사를 참관하고 핵잠수함(핵잠) 건조 사업을 현지지도했다며 순조롭게 개발이 진행되고 있음을 강조하는 상황이다.

합동참모본부는 북한이 함경남도 신포시 인근 해상에서 순항미사일을 여러 발 발사했지만 북한의 주장은 과장되었으며, SLCM이 북한이 공개한 김군옥영웅함에서 시험 발사된 것인지 다른 플랫폼을 활용한 것인지는 아직 판단을 유보하고 있다.

합참의 전반적인 분위기는 북한의 핵추진잠수함 개발 수준은 터무니없으며 전술핵잠수함 운용도 불가능한 과장된 주장이라는 평가에 무게중심을 두고 있다. 합참에 따르면 현재까지 북한이 주장하는 전략핵잠수함의 외형을 분석한 결과 미사일을 탑재하기 위해 함교 등 일부 외형과 크기를 증가시킨 것으로 보이지만 정상적으로 운용할 수 있는 모습은 아니고 기만하거나 과장하기 위한 정황이 많다는 것이다.

5대 핵심 과업의 마지막 보루인 정찰위성 개발과 기술력도 우리 군은 전력화할 수 없는 수준이라고 평가하고 있다. 북한이 쏘아 올린 정찰위성 '만리경 1호'의 실제 성능은 어떨까. 북한은 주한미군 기지는 물론 미 워싱턴과 본토 해군기지 등의 촬영에 성공했다고 주장하고 있지만 사진을 공개하지 않아 더욱 의구심을 자아내고 있다.

군 당국은 북 정찰위성이 3m 이상의 해상도를 가진 것으로 추정하고 있다. 해상노 3m는 수백km 상공에서 가로·세로 3m 크기의 물체를 하나의 점으로 식별할 수 있다는 의미로 군사적 효용성은 크게 떨어진다. 우리 군의 정찰위성이 가로·세로 3cm 크기의 물체를 판별할 수 있는 것과 비교하면 상당한 기술적 격차가 있다고 유추할 수 있다.

당시 신원식 국방부 장관도 출입기자 간담회에서 '만리경 1호'에 대해 "궤도는 돌고 있지만 (만리경 1호가) 일을 하는 징후는 없다. 하는 것 없이, 일 없이 돌고 있다"고 지적했다. 북한 정찰위성이 실제 지상의 영상을 촬영해 전송하는 정찰위성의 기능을 하고 있지 않다는 의미로 해석된다.

다만 주목할 점은 지난 2월까지만 해도 북한 위성의 고도가 점점 떨어져 추락할 가능성이 있다는 분석도 나왔지만 고도가 다시 높아진 점에서 제어 및 추력 장치가 있을 가능성이 매우 높다는 분석이 제기되고 있다. 추력기를 통해 원하는 궤도에 진입하거나 궤도를 변경하는 것이 가능하다면 이것만으로도 우주발사체 기술에 상당한 진전을 보였다고 평가할 수 있다.

군사 전문가들도 "추력 시스템은 고도의 기술이 필요하고 우주 궤도에서 이를 가동하는 것은 제한점이 많다"며 "여러 단계를 거쳐서 계단형으로 고도를 높인 것으로 보이는데 이 같은 기술이 발전하면 기존 방어체계를 무력화하는 무기체계를 개발할 수도 있기에 상당히 위협적"이라고 평가했다.

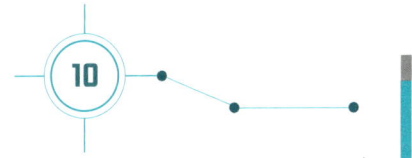

10 북한을 손바닥처럼 들여다보는 425사업

러시아와 우크라이나가 전쟁을 치르면서 중요하게 부각된 군사적 전략자산 중 하나가 군사정찰위성이다. 우크라이나는 군사·상업용 위성을 활용해 러시아군의 움직임을 손바닥 들여다보듯 실시간으로 확인하고 사전 대비를 통해 주요 작전에서 톡톡히 효과를 보고 있기 때문이다.

이 같은 시대적 분위기에 발맞춰 우리 군도 독자적인 군사정찰 위성 획득을 목표로 하는 '425사업'을 추진하고 있다. 독자 군정찰위성은 북한 위협을 실시간 탐지하고 선제 타격하는 군의 대응 시스템(킬체인)의 '눈'으로 불린다.

지구 상공 500~600㎞에서 수십cm 크기 물체를 식별하는 군정찰위성은 첨단기술의 총합체다. 기술 장벽이 높고 비용 부담이 큰 탓에 미국과 러시아, 중국, 일본, 유럽연합(EU) 등 소수 국가만 군사용 정찰위성을 운용하고 있다.

425사업은 방사청과 국방과학연구소(ADD) 주도로 북한 미사일에 대응하기 위해 고성능 영상 레이더(SAR) 탑재 위성 4기와 전자광학(EO)·적외선(IR) 탑재 위성 1기 등 800㎏급 군정찰위성 5기를 순차적으로 지구 궤도에 쏘아 올려 전력화하는 사업이다. 총사업비는 1조 2,000억 원으로 최종 전력화 목표 시기는 2025년이다.

한국군은 독자 군정찰위성이 없어 대북 위성정보를 미국 정찰위성에 크게 의존했는데, 지난 2023년 말부터 군정찰위성 5기를 순차적으로 쏘아 올려 전력화에 착수했다. 2025년에 완료될 시 날씨와 상관없이 2시간마다 북한 미사일 기지와 핵실험장 등에 대한 밀착 감시가 가능해진다.

전자광학·적외선(EO/IR) 위성 1호기가 2023년 12월 스페이스X의 팰컨9 로켓에 실려 성공적으로 발사했다. 1호기는 지난 8월에 전투용 적합 판정을 받고 본격적인 임무를 시작했다. 전자광학 카메라는 가시광선을 활용해 지상의 영상을 직접 촬영하는 방식으로 일반인도 쉽게 알아볼 수 있다. 적외선 센서는 물체의 온도 차에 따라 구분되는 적외선을 검출해 영상정보를 생성해 야간에도 촬영이 가능하다. 다만 전자광학·적외선 위성은 야간과 구름 등 기상 조건에 따라 제약이 있다는 단점을 갖고 있다.

지난 4월에는 1호기와는 다른 합성개구레이더(SAR)인 고성능 영상레이더 위성이 탑재된 군정찰위성 2호기가 스페이스X의 팰컨9 로켓에 실려 역시 성공적으로 발사됐다. 군 최초 영상레이더 위성으로 우리 군의 독자적인 정보감시정찰 능력이 더욱 강화할 것으로 기대된다. SAR 위성은 레이더에서 지상으로 전파를 발사해 반사돼 되돌아오는 신호를 수신해 영상을 생성한다. 기상에 상관없이 주·야간 전천후로 위성 영상을 획득할 수 있는 강점이 있다.

이 때문에 군정찰위성 2호기는 남북 우주 경쟁에서 한국이 큰 격차로 앞서고 있는 것을 보여주는 대표적인 전력으로 분류된다. 북한은 아직

SAR 위성 기술을 가지고 있지 않다. 2호기는 현재 운용시험평가 중이며 2025년 2월께 임무 수행을 개시할 예정이다.

지난 12월에는 군정찰위성 3호기가 우주를 향해 성공적으로 발사됐다. 두 번째 SAR 위성이다. 동일한 SAR 위성이 2기로 늘어나는 만큼 정찰위성 군집 운용이 가능해졌다. 위성의 군집 운용은 여러 대의 위성이 동일한 임무를 수행하기 위해 운용되는 것을 뜻한다. 정보 획득 기회가 많아지고 관측 각도가 다양해지며 위성 고장 등 상황에 유연하게 대처할 수 있게 될 것이다.

우리 군정찰위성 1~3호기가 모두 스페이스X의 발사체를 이용한 것은 위성의 크기와 무게 때문이다. 누리호에 탑재된 위성 8기의 무게는 총 500㎏이 조금 넘지만 우리 군이 사용할 정찰위성은 800㎏급으로 국내 개발 발사체를 이용하는 데 한계가 있다.

명칭은 왜 425사업일까. 통상 4월 25일이나 개발하려는 정찰위성의 제원을 떠올리곤 하지만 전혀 상관이 없다. 구름 낀 날씨에도 관측이 가능한 고성능 영상레이더(SAR)를 탑재한 위성과 전자광학(EO) 및 적외선 장비(IR) 감시장비 장착 위성의 영문명에서 따왔다. 각각의 'SA'와 'EO'를 합쳐 아라비아 숫자로 '425'로 표시한 것이다.

우리 군사정찰위성의 해상도는 30㎝(사진 1픽셀의 크기가 가로x세로 30㎝)으로 성능이 세계 5위급으로 알려졌다. 상업용 위성인 다목적 실용위성 3A호(아리랑 3A호) 해상도보다 3.4배가량 정밀하다. 아리랑 3A호는 2015년 러시아 드네프르 발사체에 실려 발사된 국산 위성이다. 이 위성은 55㎝급 해상도 광학렌즈를 장착했다. 가로x세로 55㎝짜리 물체를 한 점으로 인식하는 수준이다.

이 덕분에 아리랑 3A호보다 3배 이상 정밀도를 구현한 만큼 사람의 이동은 물론 웬만한 교통수단의 움직임을 정밀하게 파악할 수 있다. 전력화가 완료되면 북한의 핵·미사일·장사정포 기지, 이동식발사대(TEL) 등 고정 및 이동 표적을 실시간 감시·탐지할 수 있게 된다. 이는 해상도 3m급으로 추정되는 북한 정찰위성과 비교하여 10배가량 더 정밀한 영상정보를 얻을 수 있는 것이다.

특히 4기의 SAR 위성과 1기의 광학 위성이 전력화가 끝날 경우, 위성의 재방문 주기를 고려할 때 특정 지점을 평균 2시간 단위로 관측할 수 있다. 다만 약 2시간의 감시 공백이 발생한다. 게다가 북한은 한·미 양국군을 기만하고 한국형 3축 체계를 무너뜨리기 위해 미사일 이동식 발사대 숫자를 급격히 늘리고 심야 등 취약 시간대에 저수지·철도 등 의외의 장소에서 기습 발사할 수 있게 진화하고 있는 것으로 전해졌다. 이 때문에 급격히 고도화하고 있는 북한 핵·미사일 위협에 제대로 대응하기 위해서 우크라이나처럼 소형 및 초소형 SAR 위성을 적극 활용해야 한다고 지적한다.

일각에서는 다수의 초소형 위성을 쏘아 올려 재방문 주기를 30분으로 단축시켜야 한다고 주장한다. 이에 군은 초소형 군집위성 자체 개발은 물론 외국의 군집 위성 전문업체로부터 전시에 위성을 빌려오는 방안도 고려하는 것으로 알려졌다.

이와 관련해서 정부도 지난 2023년 2월에 2030년까지 1조 4,223억 원을 투자해 총 40기의 초소형 위성(SAR 위성 36기, 전자광학·적외선 위성 4기)을 궤도에 올리는 초소형 위성체계 개발사업을 발표한 바 있다.

군정찰위성의 사용 연한은 최대 5년에 불과하다. 24시간 풀 가동되기 때문에 성능 구현에 있어 일정 시점에는 한계에 직면하게 된다. 이를 감안해 군은 '425사업'의 후속 프로그램 추진을 검토하고 있다. 국방부가 약 3조 원을 들여 대형 정찰위성 12기를 새로 개발하는 것으로 알려졌다. 한국군 첫 군정찰위성 5기를 쏘아 올리는 사업에 이은 후속 군정찰위성 도입 사업이다.

군과 관련업계 등에 따르면 국방부 직속 국방정보본부가 '425사업' 후속으로 레이더 위성(SAR) 10기와 전자광학(EO) 위성 2기를 추가 개발하는 내부계획을 수립한 것으로 전해졌다. 이는 올해 1월에 전력화가 마무리된 1호기를 비롯해 내년까지 발사가 완료될 4호기, 5호기가 늦어도 2029년 또는 2030년에는 수명을 다하게 돼 차질 없는 계속임무(감시·정찰) 수행을 위해 위성 12기의 추가 개발을 지금부터 시작해야 한다는 계산에서 비롯한다.

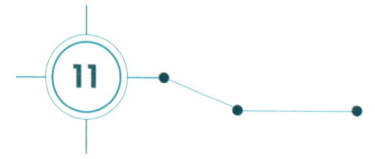

11 핵보다 무서운 전략무기, 대북 확성기

북한은 한미 군 당국이 구축한 '핵 3축 체계'를 무척이나 두려워한다. 북한이 한반도의 군사적 긴장감을 고조하는 무력 도발에 나설 경우 핵 3축인 전략폭격기와 전략핵추진잠수함, 대륙간탄도미사일(ICBM)에 핵을 탑재해 북한의 지휘부를 직접 공격해 일망타진함으로써 북한 정권을 몰락시킬 수 있다는 위기감 때문이다.

이는 한반도에서 전쟁 징후가 감지되는 유사시를 가정한 것으로 평시에는 상황이 다르다. 북한 정권 특히 김정은 국무위원장이 핵무기보다도 민감하게 반응하는 전략 카드가 있다. 바로 대북 확성기와 대북 전단이다. 당장 2015년 8월 목함지뢰 도발에 따른 대응조치로 우리 군이 확성기 방송을 재개하자 인민군 전선사령부의 공개경고장을 통해 "중단하지 않으면 무차별 타격하겠다"며 강력 반발한 바 있다.

지난 2016년 1월에도 정부가 북한의 4차 핵실험을 8.25 남북합의에 대한 중대한 위반으로 규정하고 대북 확성기 방송을 전면 재개하기로 하자 북한은 역시 민감한 반응을 보였다. 군사적 행동으로 대응하겠다고 엄포를 놓으며 남북 간 긴장 수위를 끌어올렸다.

　이처럼 북한의 심각한 도발이 있을 때마다 대북 확성기를 통한 대북 방송을 활용해왔다. 대북 확성기 방송은 '북한이 가장 아파하는 심리전 수단'으로 꼽힌다. 출력을 최대로 높일 경우 야간에 약 24㎞, 주간에 약 10㎞ 떨어진 지역에서도 방송 내용을 정확하게 들을 수 있다.
　대북 확성기 방송 효과 덕분인지 확성기를 통한 대북 심리전이 펼쳐질 때는 북한군의 탈영병과 탈북자들이 늘면서 북한 내부의 사상적 와해현상이 심해져 북한 지휘부가 큰 위기감을 갖는 것으로 전해졌다.
　게다가 북한의 무력 도발에 대응하는 주요 전략자산 전개 등은 미국과 협의해야 하지만, 확성기 같은 대북 방송은 우리 정부의 결심만으로 언제든 사용할 수 있어 가장 강력한 전략무기라 할 수 있다.
　실제로 지난 2004년 북한의 용천역 폭발사고 당시 "용천역에서 대규모 폭발이 있어 많은 인명과 재산피해가 발생했는데 대한민국은 동포애 차원에서 아낌없이 지원할 것"이라는 내용을 실시간으로 방송하며 전달했다. 이후 북한군 최전방 부대 병사들이 가족에게 쓴 편지에 용천역 폭발사고 내용도 적혀 북한군이 발칵 뒤집히기도 했다.

대북 방송과 전단 내용은 주로 북한사회 실상에 초점을 맞춘다. 여기에 북한의 최고 존엄이라는 김정은 독재체제 실태와 북한 인권 탄압 등도 포함되어 북한 권력층에게는 '쥐약'과도 같은 골칫거리다.

우리 군이 보유한 고정식·이동식 확성기에는 고출력 스피커가 있다. 이 스피커를 통해 20km 안팎 전방으로 북한 실상을 다룬 뉴스와 기상 정보, 가요 등을 방송한다. 북한군 부대는 물론이고 접경지역 주민들에게까지 소리가 전달된다. 저녁 시간에는 청취 거리가 최대 30km까지 성능을 발휘한다. 이를 통해 북한 주민들의 내부 동요를 손쉽게 유발할 수 있어 확성기 효과가 생각 이상이라는 게 전문가들의 평가에 주목할 만하다. 게다가 북한 주민들은 물론이고 북한군 내부에서도 대북 확성기 방송 내용에 대한 신뢰도가 상당히 높은 것으로 알려졌다.

예컨대 "김정은 때문에 한국 정부가 향후 2년 동안 쌀을 보내지 않을 것이다"라는 한 마디만 던져도 북한 시장에는 쌀이 모두 사라지고 시장이 요동치는 것으로 전해졌다. 북한에서 쌀값은 민심으로 통하는데 가뜩이나 화폐교환 후유증에 시달리는 김정은 정권으로서는 쌀값이 급등하면 민심의 거센 저항에 부딪힐 수밖에 없다. 그 어떤 재래식 무기보다 강력한 폭발력으로 북한 지휘부를 흔드는 것이다.

이처럼 대북 방송은 최전방 북한군과 접경지역 주민 동요를 끌어내는 '위력적인 심리전 도구'로 인식돼, 북한이 극도로 민감하게 반응하고 남북 대화 등 기회가 있을 때마다 중단을 요구하는 것도 이 같은 까닭이다.

반면 북한이 대북 확성기에 맞대응하고자 대남 확성기 방송 시설을 설치했지만 출력이 낮고 전기 공급이 원활하지 않아 효과는 거두지 못하는 게 현실이다.

군사분계선(MDL)을 넘어온 북한군 귀순자들도 대북 확성기 방송이 귀순 결심에 영향을 줬다고 진술한 것이 이에 대한 방증이다. 북한 외교관 출신인 국민의힘 태영호 전 의원은 "확성기를 통한 대북 방송을 재개한다면 지금 북한의 현실을 감안할 때 과거보다 더 효과가 더 클 것"이라며 "요즘 군에 입대하는 장병들은 고향에서 한국 영화나 드라마를 몰래 시청해온 세대라 남한 언어에 친숙하다"고 했다.

북한을 떨게 할 또 다른 카드는 민간이 보내는 대북 전단이다. 이명박 정부 출범 이후 북한 지도부는 탈북자를 중심으로 한 민간 차원의 대북 전단(삐라) 발송에 강하게 반발해왔다. 2008년 10월 남북 군사실무회담 때 북측 대표단은 민간단체의 전단 수백 장을 모은 박스를 회담장에 가져와 내던지는 모습을 연출하며 강한 불만을 드러낸 적도 있다. 북한 군부 또한 그해 같은 달 16일에 이 문제를 거론하며 개성공단 통행 제한 및 차단은 물론 '그 이상의 조치'를 취할 것이라고 위협까지 했다.

북한이 남측에서 날아온 삐라에 민감한 이유는 무엇일까. 북한은 선전선동의 나라이기에 남측에서 보낸 삐라로 외부 정보의 유통 차단에 실패하면 체제의 붕괴까지 이어질 수 있다는 우려 때문이다. 예를 들어 2009년 공화국 창건 기념일인 9·9절에 남측 민간단체들이 보낸 전단이 평양의 심장인 김일성광장에 떨어져 한바탕 난리가 났던 것으로 알려졌다. 전단의 제목은 '김정은을 고발(신고)합니다'였다. 선전선동과 함께 외부 정보의 통제를 기반으로 체제를 유지하는 북한의 심장부가 뚫리면서 북한 지휘부가 발칵 뒤집힌 것이다.

당시 이 전단에는 국가안전보위부에 보내는 고발장 형식을 통해 김정은 국무위원장의 죄목을 ①특수절도죄 ②특수강간 및 미성년 폭행죄 ③경력기만 및 특수사기 ④납치 및 특수살인죄 ⑤특수 정치범 등 다섯 가지로 명시했다.

최근 남한에서 발송되는 대북 전단 대부분은 김정은 국무위원장의 호화생활 등 부패 실상을 다루고 있다. 이 때문에 최고 존엄에게 찍히지 않고 목숨을 부지하기 위해서는 북한 군부가 과격하게 대처할 수밖에 없는 상황이 반복되는 실정이다. 일부 북한 당국자들은 '삐라에 후천성면역결핍증(AIDS·에이즈) 균이 묻었다'는 등의 악성 선전을 하고 있는 것으로 전해졌다. 하지만 이를 믿는 주민은 거의 없다는 후문이다.

12. 대체불가 전력, 대한민국 특수전 부대

2024년 3월 당시 신원식 국방부 장관이 육군 특수전사령부의 비밀훈련을 참관했다는 소식이 알려져 주목을 받았다. 현직 국방부 장관이 약 8년 만에 참수작전 임무를 수행하는 부대원을 만나 격려하기 위해 방문한 것이다. 참수작전 훈련은 유사시 북한 수뇌부 제거를 목표로 하기 때문에 북한이 가장 경계하는 훈련 중 하나로 꼽힌다.

이 특수부대가 일명 '참수부대'로 불린다. 1977년 7월 제13공수특전여단으로 창설됐다. 2017년 12월 1일부로 제13공수특전여단을 참수부대인 제13특수임무여단으로 개편했다. 주로 전시에 초점을 맞춰 적의 수뇌부를 수단과 방법 가리지 않고 무력화하는 훈련과 관련 임무를 수행한다. 한마디로 김정은 북한 국무위원장을 제거하는 부대다. 육군특수전사령부 예하 여단으로, 부대 명칭은 '흑표부대'로 통한다. 포천시에서 창설됐지만 1982년 7월 충청북도 증평군으로 이전해 현재까지 주둔하고 있다.

전시가 아닌 평시에 대한민국 내부로 무장공비들이 침투했을 때 벌어지는 대간첩작전에서 주도적으로 적을 잡거나 소탕하는 임무도 맡는다.

말 그대로 특수전, 즉 비정규전을 위한 특수부대 중 특수부대로 꼽힌다. 이처럼 우리 군에는 대한민국 최고의 정예로 꼽히는 특수부대에는 어떤 게 있을까.

가장 대표적으로 육군 특수전사령부를 비롯해 해군 특수전전단(UDT/SEAL) 및 해난구조대(SSU), 공군 탐색구조비행전대(SART) 및 공정통제중대(CCT), 해병대 특수수색대 등 6개 특수전 부대가 있다.

육군 특전사는 대한민국을 대표하는 특수전 부대다. '안 되면 되게 하라'라는 부대 구호로 유명하다. 1945년 4월 광복군 독수리 요원들이 미국 첩보부대 OSS와 함께 '독수리 작전'을 준비한 것이 시초다. 38명으로 시작한 이 부대는 6·25 전쟁 당시 북파공작부대로 활약한 일명 '켈로부대'로 이어졌고 1958년 4월 1일 제1전투단이 창설돼 지금의 특전사로 거듭났다.

육군 특수전사령부는 유사시 육해공의 다양한 루트로 적진에 깊숙이 침투해 게릴라전/민사심리전, 수색·특수정찰, 요인 암살 및 납치/직접 타격, 인질구출, 주요시설 폭파, 항폭유도, 병참선 교란 등 국군의 각종 비정규전을 수행한다. 베트남 전쟁 당시 파병된 맹호부대와 백마부대에 배속돼 적 교란과 기습작전 등의 특수작전 임무를 완벽하게 성공시켰다.

평시에는 무장공비 침투 시 대간첩 작전을 주도한다. 1996년 강릉 무장공비 침투사건 등 각종 대간첩 작전에 투입돼 무장공비들을 사살하는 수훈을 세웠다. 특전사 예하 부대 중 '707특수임무단'은 특수부대 내의 특수부대로 불린다. 미군 특수전 부대인 '델타포스'도 그 실력을 인정하는 부대다. 평시에는 대테러 작전을, 전시에는 비밀작전을 수행하는데,

부대에 주어지는 작전이 모두 비밀임무로 정확한 임무와 조직, 규모, 훈련내용 등은 알려지지 않고 있다.

해군에도 2개의 특수전 부대가 있다. 가장 잘 알려진 특수부대는 '해군특수전전단(UDT/SEAL)'이다. 1955년 수중폭파대(UDT)로 시작한 해군특수전전단은 1975년 특수전(SEAL)임무가 추가되면서 UDT/SEAL 부대로 거듭났다. 상륙작전에 앞서 적 해안에 침투해 기뢰 등 수중 장애물과 해안포, 레이더 등을 제거하고 상륙부대에 각종 해안 정보를 제공하는 임무를 수행한다.

해군의 UDT/SEAL은 6·25 전쟁 당시 미 CIA의 관리와 미 해군 수중파괴대(UDT)의 훈련 아래 활약하였던 영도부대 해상대의 성과를 바탕으로 미 해군 수중파괴대(UDT)를 벤치마킹해 창설됐다. 이후 미 해군의 UDT가 Navy SEAL로 발전한 것과 같이 UDT에서 UDT/SEAL로 발전한 부대다. 평시에는 해상 대테러 작전이 주임무다. 적 해안정찰과 첩보

획득, 해상정찰, 내륙기습, 폭파, 암살, 해안장애물 제거, 기뢰제거, 요인 구출 및 납치라는 전통적인 UDT 임무에서 확장돼 육상과 해상 및 공중 특수작전, 직접타격, 해상 대테러리즘, 경호경비 등의 임무가 추가됐다. 청해부대의 핵심 전력으로 '아덴만 여명 작전'을 통해 실전에 강한 부대 역량을 전 세계에 과시하기도 했다.

또 다른 해군 소속 특수전 부대는 '해난구조전대(SSU)'다. 해군의 특수임무부대로 해양 재난·사고에 대응해 인양 및 구조 작전 임무를 수행한다. 구 부대명인 해난구조대 당시부터 영문명 'Ship Salvage Unit'라 SSU로 익히 알려졌다. 전군 최고 수준의 수중 작전 능력을 보유한 부대로 평소 극한의 재해·재난 환경에서 국민의 생명과 재산을 보호하는 임무를 수행한다. 세계 최대 수심 인양 기록을 보유하고 있으며, 잠수 능력이 기네스북에 등재될 정도다.

공군도 2개의 특수전 부대가 있다. 제5공중기동비행단 예하 공정통제중대다. 공군 최고의 특수전 부대다. 붉은 베레모를 착용하는 공정통제사(CCT)가 속한 곳이다. '가장 먼저 투입돼, 가장 마지막에 나온다'(First there, Last out)는 부대 슬로건처럼 활주로나 관제 시설이 없는 곳에 먼저 침투해 기상·풍향·풍속 등의 정보를 아군 수송기에 알려주고 수송기가 원하는 위치에 안전하게 들어올 수 있도록 관제임무를 수행한다. 한국의 특수부대들 중 가장 적은 인원으로 현재 20여 명 정도만 있을 정도로 소수정예 부대다.

공군에 베레모를 쓰는 또 다른 특수부대도 있다. 제6탐색구조비행전대다. 이들은 적갈색 베레모를 착용하는 항공구조사다. 어떠한 악조건 속에서도 조난한 파일럿을 구조하는 임무를 수행한다. 1958년 8월 제33

구조비행대로 창설된 이후 최신 기종 헬기로 전력을 보강하고 인원을 늘리면서 1995년 전대급 부대로 확대됐다. 2000년 이전까지 공군의 항공 구조 임무는 미 공군이 대신했지만 현재는 한국군 독자 수행이 가능할 만큼 능력과 위상이 매우 높아졌다.

또 해병 중에 해병만 모이는 특수전 부대도 빼놓을 수 없다. 상륙부대의 눈과 귀 역할을 하는 '해병대 특수수색대'다. 가장 최근에 창설된 특수부대로 과거에 해병대 특수수색중대로 존재했다. 2018년 5월 해병사령부 직할부대로 전환되면서 병 위주에서 간부 중심의 작전부대로 개편해 특수수색대로 새롭게 창설됐다.

기존 해병대 수색대와 같이 깊은 종심에서 전략 차원의 특수정찰을 통해 해병대의 작전을 지원한다. 여기에 화력유도와 직접타격(Direct Action, DA), 첩보보고 등의 임무를 수행한다. 평시 주임무는 대테러와 특수정찰, 직접타격 등이다.

합동참모본부 지정 대테러 초동조치부대 역할을 수행해오다가 2020년 7월 군 대테러특수임무대로 격상돼 임무를 수행 중이다. 중령이 지휘관인 대대급 규모 부대로 증편됐는데, 최근에는 여단급(대령) 부대인 '해병대 수색단'으로 다시 증편하는 방안이 논의 중이다.

'독거미부대 여군특임중대'는 육군 수도방위사령부 제1경비단 소속 제35특수임무대대 예하에 있다. 2022년 5월부로 독거미부대는 '태호부대'로 명칭이 변경됐다. 체력과 리더십을 갖춘 10여 명의 여군 부사관으로 구성돼 주로 대테러 초동조치를 담당하는 도심 시가지 전투의 전문가들로 편성됐다. 이 같은 테러 임무 특성상 부대원들의 얼굴, 이름, 계급 등은 모두 기밀사항이다.

한 해 한두 명만 뽑을 정도로 선발 조건이 까다롭다. 경쟁률이 낮을 때는 10:1, 높을 때는 60:1까지 올라갈 정도로 여군들이 가장 가고 싶어하는 부대 중 하나다. 육군 훈련소를 거쳐 육군부사관학교의 훈련을 마친 여군 부사관 중에 심사를 통과한 10여 명의 엘리트만 선발하는 전군 유일의 여군으로 편성된 특임중대다. 모든 부대원이 태권도와 합기도, 유도 등 무술 유단자로, 극소수로만 이뤄졌기 때문에 육군 전체로 볼 때 사격과 체력, 무도 실력이 최상급을 차지한다. 보유한 무도단증이 도합 10단이 넘는 중대원도 있고, 평균 무술 단수가 6단에 달하는 막강한 전투력을 가진 부대다.

임무를 완벽히 수행하기 위해 매일같이 혹독한 훈련을 실시한다. 부대원들은 하루 5~7㎞ 뜀걸음과 특공무술, 산악 뜀걸음, 레펠 훈련, 고공 침투훈련, 주요 시설 방어훈련, 전술 사격 등 매우 강도 높은 훈련과 심화 교육을 소화하는 것으로 유명하다. 이 부대의 뜀걸음 능력은 전군에서도 손꼽힐 정도다. 부대원 중 90% 이상이 특급전사로 분류된다.

서울 상공에서 핵폭발이 일어난다면

제2차 세계대전 때 일본 히로시마와 나가사키에 각각 투하된 리틀보이와 팻맨은 모두 550m 상공에서 터졌다. 미국은 당시 15~20kt급 원자폭탄의 파괴력을 극대화하기 위해 폭발 고도를 설정했다. 원폭의 위력이 크면 높은 고도에서 터뜨려야 표적에 더 큰 피해를 줄 수 있기 때문이다.

그렇다면 북한이 핵무기를 쏘며 도발을 감행해 서울 상공에서 핵탄두가 터지면 그 위력과 피해는 얼마나 될까. 이와 관련한 시뮬레이션 결과가 있다. 핵폭발 시뮬레이션 프로그램인 '누크맵' 분석 결과 10kt 위력의 전술핵무기가 서울시청 일대 800m 상공에서 폭발할 경우 예상 사망자는 4만 4,000명에 달하는 것으로 추정됐다. 반경 1.47~2.12㎞에 있는 사람들이 열복사 피해로 3도 화상을 입을 수 있다. 최종적으로 사망자는 4만 4,000~11만 5,000명, 부상자는 30만~42만 명에 달할 것으로 예상됐다. 누크맵은 미 스티븐스 공대의 앨릭스 웰러스타인 교수가 개발한 프로그램으로, 주요 싱크탱크들이 핵무기 폭발 결과를 추정할 때 사용한다.

북한이 목표를 변경해 서울 용산 대통령실을 타깃으로 삼을 경우 피해 규모는 또 달라진다. 10kt의 전술핵탄두가 실린 미사일이 서울 용산 대통령실 인근 400m 상공에서 폭발했다고 가정하면 사망자는 4만 6,510명, 부상자는 16만 4,850명이 나올 것으로 예측됐다. 폭발 지점을 중심으로 반경 153m에는 불구덩이가 생기고 1.36㎞ 내 주거용 건물은 무너질 가능성이 큰 것으로 나타났다. 경미한 부상자들까지 포함하면 최종적으로 피해 지역의 넓이는 한강 이남까지 확대돼 동작구 일대 41.7㎢에 달할 것으로 추산됐다.

800m 상공에서 최대 살상력을 낼 수 있는 20kt급 핵탄두가 폭발한 상황을 가정했을 때는 11만 4,600여 명이 사망하는 등 53만 4,600여 명의 사상자가 발생하는 결과가 나왔다. 용산구 대통령실(3.6㎞)이 포함된 반경 5.29㎞(87.8㎢)가 핵폭발의 직접적 피해권에 들어가는 것으로 나타났다.

이 일대 높이 7.21㎞의 거대한 버섯구름이 치솟고 서울 정부종합청사 및 명동 등이 포함되는 반경 1.16㎞ 이내는 피폭 1개월 내에 사망하는 수준의 치명상을 입는 인명 피해가 속출하는 것으로 예상됐다. 용산구 후암동·남산타워 등이 들어가는 반경 2.12㎞ 안에 있는 사람은 3도 화상과 신체 일부를 절단해야 하는 큰 부상을 입는 것으로 추산됐다.

무엇보다 대통령실과 국방부·합동참모본부가 지도상에서 없어지는 수준의 피해를 입는 것으로 나타났다. 용산구 내 대학교와 아파트 등을 포함한 반경 1.91㎞ 이내 지역도 건물 붕괴와 핵폭발에 따른 화염 피해에 직접 노출되는 것으로 확인됐다.

최근 북한은 미사일 시험발사 이후 공개 보도를 통해 '공중폭발'이라는 단어를 자주 언급하고 있다. 150m에서 800m에 이르기까지 미사일에 대한 공중폭발 고도를 다양하게 설정해 핵 타격 임무를 수행했다는 주장이다. 군사 전문가들은 이 같은 행보에 우려를 표명하고 있다. 이와 관련해 국가정보원도 국회 정보위원회 보고에서 "전술핵 위력을 실험하는 것으로 향후 대남 도발 시 이런 방향으로 위협할 가능성이 있다"고 언급했다.

누크맵 결과에 따르면 핵탄두를 탑재한 화살 미사일이 요격을 피해 저고도로 서울에 침투한 뒤 서울시청 상공에서 150m까지 솟구쳐 폭발에 성공한다면 6만 910명이 사망하고 부상자는 11만 3,870명에 달하는 것으로 추산됐다. 이는 상대적으로 높은 고도에서 폭발시켜야 살상 반경이 커질 수 있다는 의미다.

반면 지하 벙커 등 견고한 시설을 파괴하기 위해서는 살상 반경은 줄어들더라도 폭발 고도를 낮추는 게 더 효과적이다. 실제 누크맵 분석 결과 10kt 전술핵을 통해 콘크리트 시설물들을 붕괴시키려는 목적이라면 102m, 부상자를 발생시키려는 의도라면 1,010m가 각각 최적의 공중폭발 고도라고 예측됐다.

2022년 3월 북한은 미사일의 공중폭발 시험발사 모습을 잇따라 공개하는 동시에 약 10kt의 위력으로 추정되는 전술핵 카트리지 '화산-31형'도 노출시켰다. 화산-31형을 KN-23·24·25 및 화살-1·2형 등 8종의 미사일에 탑재할 수 있다고 북한은 주장한다. 총알을 총에 장전하는 것과 유사한 방식으로 전술핵탄두를 운용할 능력을 갖췄다고 과시하는 것이다.

이 같은 행태는 미사일 종류별로 타격 용도를 달리해 시험발사를 진행하고 이론적 수치를 토대로 공중폭발의 위력을 시뮬레이션하는 것으로 볼 수 있다. 즉 북한이 현재 남한에 최대의 인적·물적 피해를 유발할 수 있는 '가장 위험한 높이'를 찾고 있는 것이다.

현재까지 북한은 여섯 번의 핵실험을 실시했다. 가장 최근인 여섯 번째 수소탄 실험의 경우 폭발력이 100~300kt에 달했던 것으로 예상됐다. 게다가 북한은 핵 낙진이 날아오지 않도록 하기 위해 대남 핵 공격을 가할 경우 남쪽 방향으로 바람이 불 때를 선택해 공격하는 방안을 훈련하는 것으로 전해졌다.

이는 핵폭탄이 폭발하면 나노초 수준의 짧은 순간에 큰 에너지가 방출돼 약 1억 8,000만 도의 열 폭풍이 발생하기 때문이다. 핵 폭풍과 함께 핵분열에 따른 고열의 열복사선과 낙진이 퍼지면서 주변 지역까지 큰 피해를 입게 된다. 폭발에 따른 직접적 피해 반경도 4.26㎞에 달한다. 위력이 훨씬 큰 전략핵이 폭발할 경우에 인명 피해는 더 늘어난다.

미국의 북한 전문 매체 '38노스'는 북한이 서울을 향해 단 한 방의 핵미사일(250kt급)을 쏠 경우에 사망자 78만 3,197명, 부상자 277만 8,009명이라는 엄청난 피해를 초래할 것으로 추산했다. 이는 6·25 한국전쟁 인명 피해(사망 37만 3,599명, 부상 22만 9,625명, 납치 및 실종 38만 7,744명)와 일본의 제2차 세계대전(사망 50만~80만 명) 당시의 인명 피해 규모보다 훨씬 크다.

북한이 2017년에 한 6차 핵실험의 위력은 108~250kt 수준으로 향후 핵실험에서는 핵무기 위력을 최대 250kt까지로 높여 시뮬레이션을 진행할 것으로 예상된다. 이에 핵탄두 1개당 위력의 범주를 15~250kt으로 나눠 시나리오별로 계산해봤다. 이때 서울 인구는 2,410만 5,000명으로 잡았다.

다만 미사일 시스템의 실제 신뢰도가 100%에 달하기 어렵다는 점과 북한의 핵·미사일 공격에 맞서 한국이 고고도미사일방어체계(THAAD·사드)를 배치한 점을 고려했다. 이에 북한 핵무기 전체가 요격당하지 않고 명중할 가능성(폭발률·detonation rate)을 20%, 50%, 80%로 각각 가정해 시뮬레이션 작업을 진행했다.

북한의 핵미사일 중 20%가 명중할 경우 핵탄두 위력이 15kt일 때 서울의 인명 피해는 사망자 22만 명, 부상자 79만 명, 핵탄두 위력이 250kt일 때 사망자 122만 명, 부상자 433만 명으로 예측됐다. 폭발 가능성 50%에서는 사망자 55만(15kt 기준)~175만 명(250kt), 부상자 198만(15kt)~623만 명(250kt)으로, 80% 상황에서는 사망자 88만(15kt)~202만 명(250kt), 부상자 317만(15kt)~719만 명(250kt)에 달하는 것으로 추산됐다.

4장

한반도 전쟁 대비 핵심 무기체계는

1. 한국형 3축체계의 핵심, 현무미사일

북한의 군사적 도발에 대응하기 위한 '한국형 3축 체계'가 있다. 이는 유사시 북한 핵·미사일을 선제타격하는 킬체인(Kill Chain), 북한이 쏜 미사일을 요격하는 한국형 미사일방어체계(KAMD), 탄도미사일을 대량으로 발사해 북한을 응징하는 대량응징보복(KMPR) 체계를 의미한다.

이 가운데 지난 2022년 10월 1일 국군의 날 공개된 탄도미사일 '현무'는 3축 체계 중 대량응징보복(KMPR)의 핵심 전략으로 손꼽힌다. 탄도미사일 현무 시리즈는 '현무-1'부터 '현무-5'까지 개발됐다. '무극부대'라고 불리는 육군본부 직할 육군미사일전략사령부(Army Strategic Missile Command)가 탄도미사일 현무를 운용한다. 현무미사일의 수량은 언론에 공개되지 않았지만 2016년 말 기준으로 1,700발을 확보했으며 2020년대 중반까지 총 2,000발을 확보할 것으로 알려졌다.

육군미사일전략사령부는 육군 내부적으로 몇 안 되는 대외비 부대다. 육군 내에서 상당한 전략적 포지션을 갖고 있기에 육군 규정이나 지상군 페스티벌에서 부대마크와 이름도 사용하지 않는다. 게다가 정보사령부처럼 철저하게 비밀에 부쳐져 고유명칭이 아닌 통상명칭인 제9715부대라고 쓸 만큼 베일에 가려진 부대다. 현재는 통상명칭도 바뀐 것으로 전해졌다.

한국형 3축 체계의 핵심인 현무미사일 시리즈의 실체는 무엇일까. 현무는 예부터 동아시아 문화권에서 북쪽을 지키는 상상 속 '영수'(靈獸)로 여겨져왔다. 북한 위협에 강력하게 대응하고자 개발된 미사일에 북방을 관장하는 현무의 이름을 붙인 것이다.

2023년 10월 1일 국군의 날 거행된 퍼레이드에서 공개된 백곰 미사일 'NHK-1'은 우리 군의 첫 국산 단거리 지대지미사일이다. 지속적인 개발을 거듭해 현재 육군의 주력 탄도미사일 '현무'로 이어지며 육군의 대표 무기체계 중 하나로 꼽힌다.

백곰은 미국산 지대공미사일 'MIM-14 나이키 허큘리스'를 역설계해 만들어낸 단거리 지대지 탄도미사일이다. 실전배치는 이르지 못했고 박정희 전 대통령이 사망한 뒤 전두환 정권이 출범하면서 백곰 사업은 백지화됐다. 그러다 1983년 10월 북한 공작원 테러가 발생하자 전두환 정권은 다시 국산 미사일 개발 사업에 착수했다. 이때 탄생한 것이 현무미사일 시리즈 첫 번째 기종인 '현무-1'이다. 현무-1은 사거리와 탄두중량이 각각 180㎞, 500㎏에 달한다. 1987년에 실전 배치됐다가 후속 기종 '현무-2A'를 개발하면서 퇴역했다.

현무-2A는 사거리와 탄두중량이 각각 300㎞, 500㎏에 달한다. 2001년 한미 미사일지침 개정에 따라 사거리 제한이 완화되면서 성능 개량을 통해 100㎞에서 300㎞로 사거리를 늘려 2008년부터 실전 배치했다. 한 발 더 나아가 2009년부터 현무-2A의 명중률을 높인 '현무-2B'가 실전 배치됐다. 현무-2B의 사거리는 500㎞에 이른다. 현무-1이 트

레일러 이동 방식이라면 현무-2는 발사차량에 직접 싣는 방식으로 운용한다.

현무-2의 형상은 러시아의 탄도미사일 '이스칸데르'와 유사한 것으로 알려졌다. 이스칸데르는 차량당 2발의 탄을 탑재하지만 현무-2는 차량당 1발이다. 또 현무-2는 이스칸데르와 달리 미사일이 외부에 노출되지 않고 미사일 캐니스터 내부에 보관해 운용된다.

현무-2가 탄도미사일이면 현무-3는 순항미사일로 분류된다. 사거리 500㎞인 지상발사형 순항미사일 현무-3A는 2006년 7월 국방부 출입기자들에게 처음 공개하면서 알려졌다. 현무-3A는 러시아 기술이 사용됐는데, 이후 성능 개량을 거듭했다. 2010년에 '현무-3C' 개발까지 성공하면서 한국은 미국과 러시아, 이스라엘에 이어 사거리 1,500㎞의 순항미사일을 보유한 네 번째 국가가 됐다.

현무-3 시리즈의 사거리는 현무-3A가 500㎞, '현무-3B'가 1,000㎞, 현무-3C가 1,500㎞에 이르고 베일에 가려진 '현무-3D'는 3,000㎞에 달하는 것으로 알려졌다. 다만 현무-3는 한 발당 가격이 40억 원 이상으로 미국의 토마호크 미사일 150만 달러(약 20억 원)보다 훨씬 비싼 편이다.

현무-3 미사일은 초음속으로 지상에 낙하하기 때문에 공군이 보유하고 있는 공대지미사일 'GBU-28'이나 'GBU-57'(일명 '벙커버스터')보다 파괴력이 3배가량 높고 지하 관통력도 뛰어나 전략무기로 통한다. 이 때문에 표면상으로는 지대지 탄도미사일인 벙커버스터 미사일 'SRBM'(단거리 탄도미사일)으로 구분하지만 전문가들은 제원을 고려하면 'MRBM'(준중거리 탄도미사일)으로 분류하기도 한다.

언론에 잘 알려지지 않은 '현무-4'는 2017년 9월 북한이 6차 핵실험을 단행하자 한미 정상 간 전화 통화를 통해 우리 군의 미사일 탄두 중량 제한 해제 요청이 받아들여져 개발이 시작됐다. 1톤에 불과한 현무-3의 탄두 중량을 2.5톤까지 늘려 현무-4로 개량했다. 현무-4는 현무-2를 개량한 신형 탄도미사일로 '현무-4-1'은 지대지 탄도미사일, '현무-4-2'는 함대지 탄도미사일, '현무-4-4'는 잠수함발사 탄도미사일로 개발해 운용하는 것으로 전해졌다.

현무미사일 시리즈의 끝판왕인 '현무-5'는 '괴물'로 알려졌다. 건군 76주년 국군의 날 기념식과 시가행진이 있었던 2024년 10월 1일 처음으로 외부에 공개됐다. 현무-5의 위력은 핵무기에 버금간다는 평가를 받는데, 알려진 탄두 중량은 8톤으로 세계 최고 수준이다.

우리 군이 폭발력을 극대화하기 위해 탄두 중량을 늘리는 데 집중한 덕분에 현무-5의 탄두 중량은 현무-4보다 3배 이상 증가했다. 현존 재래식 무기의 폭발력 최대치가 10톤 수준으로, 탄두 중량이 8톤인 현무-5가 세계 최강급 재래식 무기로 평가받는 것은 이 같은 까닭이다. 즉 수십 개를 동시에 터뜨리면 핵 배낭과 맞먹는 폭발력을 지니는 것이다. 탄두 중량을 줄이면 중거리 탄도미사일(IRBM·사거리 3,000~5,500㎞)처럼 더 멀리 날아갈 수도 있다.

현무-5는 유사시 북한 지역에 대한 압도적 대량응징 보복수단이다. 북한 전역 지하 100m보다 깊은 곳의 지휘·전략 표적을 파괴할 정도로 관통력이 뛰어나다. 한미 정보자산이 북한 김정은 국무위원장과 군 지휘부의 위치를 수시로 감시하고 있어 만약 북한이 무력 도발에 나선다면 김정은 지하벙커는 즉각적으로 현무-5의 표적이 될 수 있다.

현무-5는 1,000㎞ 고도까지 치솟은 뒤 마하 10 이상 속도로 표적에 내리 꽂힌다. 탄두 자체의 파괴력도 크지만 초고속 낙하를 통해 탄두에 가해지는 운동에너지로 인공지진을 일으키면서 북한의 지하시설을 초토화시킨다.

표적지를 탐지해 영상을 실시간 전송하는 관측포탄

155mm 포탄은 곡사포 등 각종 재래식 무기에 쓰이는 주요 포탄 가운데 하나다. K-방산의 명품 무기로 꼽히는 K9 자주포도 155mm 포탄을 사용한다. 러시아와 우크라이나의 전쟁지역에서 포격전이 이어지면서 하루에 약 3,000발의 155mm 포탄이 사용 중이다. 1년 기준으로 100만 발 이상 소모됐다는 분석이 나오고 있다. 우크라이나와 러시아의 전쟁이 3년 넘게 지속되면서 155mm 포탄에 대한 수요가 크게 늘어 몸값이 상당히 높아진 상황이다.

155mm 포탄은 155mm 구경을 가진 대포에 사용되는 포탄을 말한다. 참호전의 비극으로 유명한 제1차 세계대전에서 프랑스가 처음 개발해 활용했는데, 긴 사거리와 엄청난 폭발력으로 연합국 승리에 크게 기여했다. 제2차 세계대전 이후 나토(NATO)는 155mm를 포병 포탄의 표준으로 채택하기도 했다. 우리나라는 6·25전쟁 당시 'M114 155mm 곡사포'를 도입해 처음 사용했다. 155mm보다 작아서 위력이 떨어지는 105mm, 115mm, 보다 무거워 운반과 장전이 어려운 175mm, 200mm 포탄이 있다.

이처럼 포탄의 종류는 다양하지만 현대 전장에서는 155mm가 가장 널리 운용되고 있다. 미국의 M109A6 팔라딘, 독일의 PzH 2000, 대한민국 K9 등 세계 최고 자주포는 모두 155㎜ 곡사포를 장착해 활용한다.

특히 우크라이나와 러시아의 전쟁에서 155㎜ 포탄은 육군이 재래식 무기 가운데 최고의 공격 무기로 부각됐다. 전쟁이 장기화되면 결국 장거리 곡사포 포탄이 적 공격을 억제하고 무력화하는 데 최고의 수단이 되기 때문이다.

그러나 눈을 돌려보면 155㎜ 포탄이 반드시 공격용 포탄으로 운용되는 것만은 아니고, 다른 목적으로 155㎜ 포탄을 활용할 수 있다. 적 표적 지역을 탐지하고 실시간으로 사진을 전송해 정확한 공격 지점을 판단할 수 있게 지원하는 포탄이다. 일명 '관측포탄'(또는 정찰측탄)으로, 155㎜ 포탄의 자탄에 소형 카메라와 영상전송장치를 탑재해 표적 지역으로 발사하면 비행하는 동안 주변 지형의 상태를 사진으로 실시간 전송하는 임무를 수행한다.

국내에서는 풍산이 정찰포탄을 개발했다. 2011년부터 개발한 무기로 카메라가 달린 작은 탄이 포탄 속에 담겨 있다. 관측포탄(POM·Para-Observation Munition)은 K9 자주포 등 155㎜ 곡사화기로 사격할 때 동시에 발사돼 초탄의 착탄지점을 영상으로 획득해 데이터 링크를 이용해서 전송하는 특수탄이다. 유사시 적이 도발을 강행한다면 관측포탄을 발사해 가장 신속하고 정확하게 원점타격에 쓸 정보를 수집하는 임무를 수행하게 된다.

관측포탄은 어떻게 작동할까. K9 자주포가 관측포탄을 쏘면 관측포탄은 포물선을 그리며 적진으로 날아간다. 쏘아 올린 포탄을 모(母)탄, 그 안에 들어 있는 작은 탄을 자(子)탄으로 부르는데, 모탄이 낙하하다가 지상 2㎞ 지점이 되면 뒷부분에서 카메라가 들어 있는 자탄을 분리시킨다.

보통 포탄은 소총의 실탄과 같이 빠른 속도로 회전하면서 날아가는데 자탄에 달려 있는 세 개의 날개가 펴지면서 회전을 멈추게 한다. 이후 자탄이 1㎞ 지점에서 수직으로 서게 될 때 낙하산이 나와 펴지고 카메라가 촬영을 시작한다. 너무 멀리서 찍으면 표적지역을 정확하게 파악하기 어렵고 너무 가까이서 찍으면 좁은 지역만 찍히기에, 다양한 테스트를 거쳐 표적지역을 찍기 가장 좋은 높이인 600~900m로 설정해 촬영하도록 설계됐다.

관측포탄의 장점은 관측병 없이 포탄의 오차범위를 바로 파악할 수 있다는 것이다. 적군이 공격을 받은 뒤 얼마나 피해를 입었는지 신속하게 알 수 있다는 장점도 있다. 예컨대 2010년 연평도 포격과 같이 북한이 갑작스러운 국지도발을 강행했을 때 적진 깊이 있는 포의 위치를 아군 관측병이 파악하기는 어려운데, 이런 경우에 더욱 효과적인 무기체계다.

일반적으로 포탄을 처음 쐈을 때 오차가 200m다. 이 오차를 얼마나 빨리 해결하느냐가 포 공격의 관건이다. K9 자주포는 통상 6문 단위로 배치돼 있는데 이 중 하나로 관측탄을 쏘면서 곧바로 공격하면 신속하고 정확하게 북한의 도발 지점에 반격할 수 있다. 뿐만 아니라 상공 1㎞ 지점에서 둥둥 떠 있는 카메라 자탄을 적이 가로채더라도 자동으로 카메라 안의 회로를 태우는 장치가 장착돼 우리 군의 정보가 새나갈 걱정은 전혀 없다.

최근에는 미국 등 선진국도 무인항공기처럼 적진을 정찰할 수 있는 포탄을 경쟁적으로 개발하고 있다. 미 육군과 해군·해병대는 정찰포탄(ALOR·Artillery Launched Observation Rounds)이라는 개념의 무기체계를 개발해왔다. 정찰포탄은 야포에서 발사하는 포탄에 각종 센서를 부착해 적의 위치나 지형 등을 파악할 수 있도록 만든 1회용 정찰장비다. 포탄에 눈을 달아놓은 것이다.

정찰포탄의 외형은 일반 포탄과 동일하므로 미 육군 포병의 주력 장비인 155㎜ 자주포와 곡사포에서 별다른 개조 없이 발사할 수 있다. 다만 충격에 약한 센서를 탑재하고 있어 일반 포탄보다 조금 느린 속도로 날아가도록 장약을 조절해야 하는 흠이 있다.

미 육군이 개발한 '퀵룩'(quicklook) 정찰포탄은 발사 후 거리 2㎞·고도 1,000m 지점에 도달하면 주날개와 조종날개, 프로펠러 등이 펼쳐진다. 날개가 펼친 후에는 속도를 줄여 시속 290㎞로 비행하면서 위성항법장치(GPS)를 활용해 목표를 찾아간다. 정찰할 지역에 포탄이 도착하면 시속 225㎞로 비행하면서 약 30분간 자체 센서를 이용해 39㎢ 면적을 탐색한다. 포병부대에서 이용한다면 사격 전 적의 배치상황과 사격 후 전과를 신속히 확인할 수 있는 장점이 있다.

물론 무인정찰기(UAV)를 정찰포탄과 비슷한 용도로 사용할 수 있지만 정찰포탄이 보다 간편하고 저렴하다는 장점이 있다. 최근에는 곡사포뿐만 아니라 120㎜ 박격포에서 사용할 수 있는 정찰포탄도 개발된 것으로 알려졌다.

미 해군·해병대도 FASM 정찰포탄을 개발했다. 해군 군함에 탑재된 127㎜ 함포에서 발사할 수 있는 포탄이다. 최대 세 시간 동안 활공하면서 정찰임무를 수행한다. 표적획득·전장손상평가(BDA) 기능 외에 통신중계 기능까지 갖춰 퀵룩 정찰포탄보다 더 뛰어난 성능을 자랑하는 것으로 알려졌다.

미국 외에 프랑스·독일도 2025년 개발완료를 목표로 표적탐지용 적외선 카메라와 통신중계기를 탑재한 155㎜ 정찰포탄을 연구하고 있다.

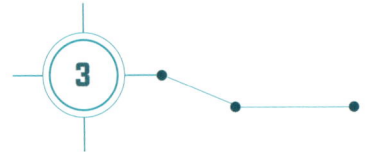

3 한국형 전술지대지-II로 압록강까지 타격한다

미국이 우크라이나에게 장기화되는 전장 판세를 고려해 사거리가 300㎞에 달하는 신형 '에이태큼스'(ATACMS) 지대지 미사일을 제공했다. 이에 대해 러시아 크렘린궁은 "미국이 분쟁에 직접 개입했다"고 비판하며 "특별군사작전의 결과를 근본적으로 바꾸지는 못할 것"이라고 폄하하면서 민감하게 반응했다.

1만 1,000명을 파병한 북한도 관영 매체인 조선중앙통신을 통해 '뒷일을 감당할 수 없는 지질맞은 선택은 화난만 불러올 것이다' 제하의 담화를 내놓고 미국이 우크라이나에 신형 '에이태큼스'(ATACMS) 지대지 미사일을 제공한 것과 관련해 "미국이 제공한 장거리 미사일은 전장의 판세를 절대로 바꿀 수 없으며 젤렌스키 괴뢰도당의 무모한 대결 광기만 키워주게 될 것"이라고 비난하며 거들었다.

러시아와 북한이 공식 기구를 통해 똑같은 사안을 두고 비난 성명을 쏟아내는 것은 이례적이다. 장거리 지대지 미사일 '에이태큼스'가 얼마나 위력적인 무기체계이기에 러시아와 북한이 잇따라 성명을 내놓은 것일까.

에이태큼스는 미 육군 전술 미사일 체계(The Army Tactical Missile System)의 약자로, 최대 사거리 300㎞에 달하는 지대지 미사일이다. 미국제 다연장로켓 발사 체계인 하이마스(HIMARS·고기동성 포병 로켓 체계)의 트럭 장착 이동 발사대에서 발사할 수 있는 무기 체계다.

우크라이나가 이 미사일을 공급받게 되면서 러시아의 두터운 방어선 후방에 배치한 지휘소와 탄약고, 보급로, 병참 기지 등을 사정권에 두고 직접 공격할 수 있게 되어 러시아로서는 위협적이다. 또 러시아 후방 보급로를 더 뒤로 후퇴시킬 수밖에 없어 전선에 무기와 보급품을 신속하게 제공하기가 더 힘들어져 우크라이나에 대한 러시아의 공격 전략에 변화가 불가피한 상황을 만들었다.

특히 미국이 제공하는 에이태큼스는 러시아 본토를 직접 공격할 위력을 갖췄다는 점에서 러시아에게는 상당한 부담이다. 또 집속탄을 장착할 수 있는 에이태큼스가 제공될 것으로 알려져 러시아로서는 불쾌하지 않을 수 없다. 집속탄은 한 개의 폭탄에 작은 폭탄 수백 개가 담겨 있어, 상공에서 터지면 안에 있던 폭탄이 쏟아져 나와 넓은 영역에 피해를 줄 수 있다.

지난 2010년 집속탄 생산과 사용·판매·보관을 금지하는 국제 협약인 '집속탄 금지 협약'이 발효됐지만 미국과 러시아·우크라이나·남북한 등은 가입하지 않아 우크라이나가 러시아를 공격하는 데 문제가 없는 상황이다. 한 발의 에이태큼스에 최대 900여 개의 개별 폭탄이 들어간다.

여기에 북한이 긴장하는 이유가 따로 있다. 우리 군도 '한국판 에이태큼스'를 오는 2030년에 실전 배치할 계획이기 때문이다. 북한의 잇따른 신형 미사일 발사와 초대형 방사포 도발에 맞서 군 당국이 새로운 비장의 카드를 꺼냈다. 이는 한반도 유사시 수도권을 타격할 북한 장사정포와 전술유도무기 등을 제압할 전술지대지미사일 'KTSSM-Ⅱ' 전력화 시기를 4년여 앞당긴 조치다.

이와 관련 2023년 2월 우리 군은 북한의 장사정포 갱도 등을 정밀 타격할 사거리 300여 ㎞의 한국형 전술지대지미사일(KTSSM)의 개량형 개발을 본격화하겠다고 밝힌 바 있다. KTSSM을 개량한 KTSSM-Ⅱ의 체계개발 기본계획을 확정해 사업 추진을 앞당기겠다는 의지를 드러낸 것이다.

KTSSM은 DMZ(비무장지대) 인근 지역에서 수도권을 위협하는 장사정포 갱도 진지를 타격하기 위한 무기체계로 '장사정포 킬러'로 불린다. 경사형 발사대에서 발사되는 KTSSM은 정밀도가 대단히 높은 유도 무기 체계다. 원형공산오차가 5m 이내로 알려졌다. ADD가 공개한 자료에는 KTSSM이 해상 바지선에 설치한 표적을 1m 안팎의 오차로 정확히 타격하는 모습이 담겨 화제를 모으기도 했다.

KTSSM은 2010년 11월 연평도 포격 이후 북한이 지하갱도에 구축한 장사정포 진지를 파괴할 목적으로 개발하기 시작했다. Ⅰ형은 관통형 열압력 탄두로 지하 수 미터까지 관통할 수 있어 갱도 진지 타격에 특화됐다. Ⅰ형은 현재 양산 및 일선 부대 배치와 전력화가 진행 중이다.

이 같은 위력 덕분에 KTSSM-Ⅰ형은 이미 폴란드에 수출되기도 했다. 수출명은 'CTM-290'이다. 폴란드 군사 전문 매체인 〈디펜스24〉는 "CTM-290은 한국의 MGM-140 에이태큼스(ATACMS)와 동등한 KTSSM 미사일 계열의 수출형"이라며 "사거리가 약 300㎞에 달하는 한국 전술지대지유도무기(KTSSM)-Ⅱ급의 위력을 갖췄다"고 평가했다. 이

미사일은 구경 600㎜에 길이 4m, 무게 약 1.5톤으로 그중 3분의 1이 탄두 무게라고 이 매체는 보도했다. 위성항법과 관성항법 시스템으로 유도되는 방식을 채택했다.

이에 반해 개량형인 KTSSM-Ⅱ는 최대 사정거리가 300여 ㎞에 달한다. 직경도 북한 초대형 방사포와 같은 600㎜급이다. 특히 군사분계선(MDL) 인근에서 발사하면 평양 이북에서 압록강 인근 지역에 이르는 북한 전역을 타격할 수 있는 수준으로 알려졌다. 늘어난 사거리를 바탕으로 북한군 지휘소와 비행장, 방공망, 보급 거점 등을 타격하는 데 활용할 계획이다.

여기에 천무 MLRS(다연장로켓)가 육군 군단급에서 운용하는 포병 무기체계임을 고려하면 천무 차량으로 운용하는 KTSSM-Ⅱ가 각 군단에 배치될 경우, 군단급 포병 전력의 사정거리가 대폭 늘어나게 된다. 천무 탑재형으로 개발된 덕분에 생존성과 작전능력은 더 향상됐다. KTSSM-Ⅱ가 도입되면 사거리 300㎞에 MLRS의 TEL(이동식발사대)을 이용하는 기존 미국산 에이태큼스(ATACMS) 미사일의 역할도 대체할 수 있다.

고정형과 차량탑재형 모두 개발이 된 KTSSM-Ⅰ형처럼 KTSSM-Ⅱ의 전력화가 완료되면 한국형 3축 체계 중 선제타격체계의 핵심 역할을 할 것으로 기대된다. 아울러 전술 지대지 유도무기는 향후 전략사령부에서 통제하는 현무 시리즈 탄도미사일과 달리 군단급에서 자체 판단으로 발사할 수 있기에 더 즉각적인 진술 공격이 가능해 육군의 군단급 화력이 확대될 것으로 전망된다.

고정형은 몇 초 이내에 4발을 연속 사격할 수 있으며, 군용 GPS를 탑재해 미사일의 명중 정도를 나타내는 원형 공산 오차(CEP)도 5~10m 이

내다. 핵탄두를 탑재한 탄도미사일의 발사 조짐에 신속히 대응하는 긴급 타격에도 활용할 수 있다.

KTSSM-Ⅰ형과 KTSSM-Ⅱ Ⅰ형은 공통적으로 침투관통형 열압력탄을 탑재한다. 여기에 더해 KTSSM-Ⅱ Ⅱ형은 단일 고폭탄으로 개발될 방침으로 전해졌다.

무엇보다 군 당국은 KTSSM-Ⅱ에 당초 총 1조 5,600억 원을 투입해 2034년까지 개발 및 배치를 완료할 예정이었는데, 북한 핵·미사일 위협 고도화에 따라 그 시점을 2030년 이내로 앞당기기로 결정했다는 후문이다.

외국에서도 KTSSM에 주목하는 분위기다. 미국이 운용 중인 에이태큼스(ATACMS)가 노후화한 상태로 KTSSM-Ⅱ 수출형이 적절한 대안이 될 수 있다는 관측에서다. 천무 다연장로켓 발사차량을 발사대로 활용하고 열압력탄 외에 고폭탄이나 클러스터탄 등 탄두를 다양화하면 전술 탄도미사일로도 쓰일 수 있다. 적의 전자전 공격에 대비하는 능력까지 갖춰 가성비가 높다는 평가를 받는다. KTSSM의 한 발당 가격은 8억 원 안팎이며, 성능이 개량된 수출형은 8~10억 원 정도로 알려졌다.

4　대북 감시체계 킬체인의 눈, 군 정찰기

　문재인 정부 시절 9·19 남북군사합의서로 군사분계선(MDL) 인근 대북 정찰에 발목이 묶여 군 내부적으로 우려의 목소리가 높았다. 9·19 남북군사합의서 1조 3항에 따라 MDL 근처에서 대북 감시정찰 작전을 제대로 할 수 없어 최전방에서 북한 지역에 대한 감시 공백을 초래하고 있었기 때문이다.

　군 주요 직위자와 지휘관들조차 헬기를 타고 전방부대를 시찰하러 갈 때 남북군사합의서 조항에 따라 비행금지구역 밖에서 내려 차를 타고 가야 하는 상황이 지속됐다. 특히 공중 감시정찰 능력은 한미 양국군이 북한보다 압도적으로 우위에 있던 분야이기 때문에 우리가 일방적으로 양보했다는 비판까지 제기돼왔다.

　실제로 군사분계선 아래 10~40㎞ 남쪽까지만 한미 군 당국의 정찰기·무인기 등이 비행할 수 있어 높은 산 뒤의 정찰 사각지대(차폐 지역)가 발생했던 게 현실이다. 예컨대 서부 지역에서 전술정찰기가 5㎞ 상공에서 비행할 경우, 군사분계선 50㎞ 북쪽에 있는 1,000m 높이의 산 뒤로는 17.5㎞의 사각지대가 생기게 된다. 많은 예산을 들여 개발한 신형 사단급 무인기는 탐지 거리가 5~8㎞여서 군사합의에 따라 사실상 무용지물이 된 실정이다.

더 심각한 문제는 무인기 비행 금지 구역이 무인기 탐지 거리보다 2배가량 길다는 점이다. 하마스의 이스라엘 기습 성공은 이런 문제의 심각성을 부각시키는 계기가 됐다. DMZ 인근에서 수도권을 위협하고 있는 북한의 340여 문의 장사정포 등을 제대로 감시하기 위해선 무인기와 전술정찰기가 DMZ에 인접해 비행할 수 있어야 하지만 '족쇄'가 채워져 있었던 게 현실이다.

다행히 정부가 2023년 11월 22일 북한의 불법적 정찰위성 발사와 관련한 대응 조치로 9·19 남북군사합의서 1조 3항 효력 정지 조치를 해 대북 감시에 구애받지 않고 정찰이 가능해졌다. 북한의 핵·미사일 도발을 사전에 감지하기 위해서는 킬체인의 눈 역할을 담당하는 정찰기가 반드시 필요하다. 그렇다면 군 당국이 운용하고 있는 감시정찰 자산은 뭐가 있을까.

현재 공군이 운용하는 백두(RC-800B)·금강(RC-800) 정찰기와 RF-16 정찰기 등이 대북 감시정찰의 핵심이다. 백두는 신호정보를, 금강과 RF-16은 영상정보를 수집한다. 이 중 신호와 영상을 수집하는 RC-800 정찰기는 최고 1만 3,000m까지 상승해 신호정보는 백두산까지, 영상정보는 금강산 이북지역까지 확보할 수 있어 각각 '백두·금강 정찰기'로 불린다.

미국서 들여온 백두정찰기는 4대를 공군 전력화해서 운용 중이다. 특히 백두체계능력보강사업에 따라 2018년에 도입한 신형 백두정찰기 2대는 성능이 대폭 강화해 신호정보 수집과 전자정보(ELINT), 통신정보

(COMINT), 탄도미사일 발사정보 등 획득을 위한 계기정보(FISINT) 임무 수행도 가능하다.

피신트(FISINT)는 우리 군에게 매우 중요한 정보다. 북한군의 전자장비 간 주고받는 신호를 알아내어 북한이 미사일 버튼을 누르면 컴퓨터에서 미사일 발사대에 어떤 명령을 내리는지 실시간으로 파악해 대처할 수 있다.

금강정찰기도 4대 운용 중이다. 영상정보수집(합성개구레이더 탑재)과 80㎞ 바깥에 위치한 30㎝ 크기 물체 식별, 정보 · 감시 · 정찰(ISR · Intelligence Surveillance and Reconnaissance) 등의 임무를 수행한다.

'하늘의 지휘소'로 불리는 'E-737' 피스아이(Peace Eye)도 공군이 운용하고 있다. 피스아이(공중조기경보통제기)는 육 · 해 · 공군 작전부대와 합참, 연합사와 정보를 직접 공유하며 북한의 탄도미사일 발사 움직임을 포착하고 궤적을 추적하는 역할을 한다.

피스아이는 미국 보잉사의 E-737 여객기를 개조한 것으로 최신형 다기능 전자식 위상배열 레이더(MESA)와 전자장비 등을 장착했다. 레이더는 1,000여 개 비행체에 대한 동시 탐지와 360도 감시 등이 가능하며 산악지대를 침투하는 저고도 비행기도 잡아낼 수 있다.

공군은 2011년 9월 피스아이 1호기를 도입한 이후 그해 12월과 2012년 5월에 각각 2, 3호기를, 같은 해 10월에는 4호기를 도입해 현재 4대를 운용하고 있다. 1대당 체공시간이 6시간에 불과해 4대를 운용해야 24시간 감시가 가능하지만 정비문제 등을 고려하면 24시간 감시를 위해 피스아이의 추가 확보가 필요한 상황이다. 2대가 추가 도입되면 공군은 창정비 주기를 단축할 수 있어 공중 통제임무 공백을 메울 수 있을 것으로 기대하고 있다.

무인정찰기도 운영 중이다. 일명 '글로벌호크'로 18km 상공에서 레이더와 적외선 탐지 장비 등을 통해 지표면 0.3m 크기 물체까지 식별할 수 있어 첩보위성 수준의 무인정찰기로 통한다. 2018년과 2019년 각각 2대씩 순차적으로 도입했다.

중고도 정찰용 무인항공기(MUAV)도 도입한다. 군에 따르면 방사청과 합동참모본부, 공군, 국방과학연구소 등은 지난 1월 부산 대한항공 항공기술연구원에서 MUAV 양산사업 착수를 결정했다. 양산된 MUAV는 2027년부터 공군에 순차적으로 인도된다.

MUAV는 10~12km 상공에서 지상의 목표물을 정찰하는 무인기다. 탑재되는 레이더 탐지거리는 약 100km에 달한다. 적 전략 표적의 영상 정보를 실시간으로 확인해 신속한 작전지휘 능력이 확보될 것으로 기대된다.

육군에서는 군단급 무인기(송골매)와 사단급 무인기도 운용하고 있다. 주로 대북 감시정찰보다 작전용으로 사용된다. 송골매는 길이 4.8m, 폭 6.4m로 최고속도는 시속 185km에 달한다. 한번 뜨면 4.5km 상공에서 6시간 운용할 수 있다. 작전 반경은 110km에 이른다. 북한군 병력과 시설, 장비 등 고정 및 이동표적에 대해 주야간, 실시간 영상정보를 수집할 수 있다.

사단급 무인기는 대한항공이 개발한 KUS9 기체를 군용규격 150kg의 중량으로 제작했다. 최저 시속 90km로 순항 비행할 수 있다. 작전 반경도 60km에 이른다. 트레일러 차량에서 사출시켜 그물망으로 회수하며 사단 작전구역 안의 이상 징후나 포병 목표물 획득에 사용된다. 고도 4km에서

8시간 운용할 수 있다.

한 발 더 나아가 우리 군은 고고도 무인정찰기 글로벌호크를 포함한 항공정찰 자산 도입이 크게 늘고 대북감시 능력이 확대되면서 항공정찰 자산을 총괄하기 위해 공군 작전사령부 예하부대로 항공정보단도 창설했다.

오산에 기지를 둔 군사정보부대인 항공정보단은 공군 전대급인 기존 정보부대를 전단급으로 확대 개편한 부대다. 군은 항공정보단 중심의 정보감시정찰(ISR)을 계속 확대할 방침이다. 항공정보단은 정보감시정찰부와 운영계획처를 두고 예하에 영상정보생산대대, 표적정보생산대대, 감시정찰체계대대, 전자정보생산대대 등을 거느린다.

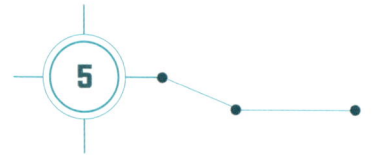

5 은밀히 날아가 타격하는 킬러 드론

지난 2022년 12월 26일 북한 무인기 5대가 수도권 영공을 침범해 서울시와 경기도 김포시·파주시, 강화도 상공을 휘젓고 다니는 사건이 발생해 한바탕 난리가 났다. 침투한 북한 무인기는 비행금지구역을 일부 통과했고 심지어 용산 대통령실까지 촬영했을 가능성이 제기되면서 군 당국이 국민적 비판과 질타를 감내해야 했다. 대한민국 심장부인 서울을 포함해 수도권 상공을 5시간 넘게 돌아다녔는데 우리 군은 전혀 알아채지 못했기 때문이다.

국회 정보위원회에서 국가정보원은 북한 무인기와 관련해 "항적조사 결과 비행금지구역 북쪽을 지나간 것으로 확인했고 용산 대통령실 촬영 가능성이 있다"는 답변했다. 이어 "북한은 1~6미터급 소형기 위주로 20여 종 500대의 무인기를 보유 중인 것으로 파악된다"며 "자폭형 등 공격형 무인기도 소량 보유하고 있는 것으로 추정된다"고 밝혔다. 만약 북한이 무력 도발을 감행해 자폭형 무인기로 대통령실을 공격했다면 한반도의 군사적 충돌이 발생할 가능성도 배제할 수 없는 상황이 벌어졌을 것이다.

  일명 '자폭형 무인기(킬러 드론)'의 위력은 전술무기급이지만 효과는 전략무기급이라 할 수 있다. 은밀하게 침투해 적국 지도자를 예측 불허 상황에서 신속하게 제거할 수 있기 때문이다.

  러시아와 우크라이나 전쟁을 통해서 공격용 무인기의 위력이 부각되면서 각국이 킬러 드론 개발은 물론, 군의 전술무기로 도입하기 위해 속도를 내기 시작했다.

  우리 군도 소형 자폭형 무인기 등 다양한 '킬러 드론'을 이미 도입하고 있다. 육군 특수전사령부의 '참수부대'가 가장 먼저 운용하는 것으로 알려졌다. 소형 자폭형 무인기는 목표물을 향해 은밀히 날아 들어간 뒤 폭발해 타깃을 파괴 및 제거하는 비밀병기라고 할 수 있다.

  유사시 북한군 수뇌부를 제거하는 데 활용하기 위한 특전사의 자폭형 무인기는 무인공격기와 순항미사일이 혼합된 형태다. 무인공격기의 체공 성능을 유지하면서 순항미사일의 타격 능력을 보유한 하이브리드 체계로 전해졌다. 카미카제식 공격을 할 수 있는 무인기인 것이다.

  순항미사일보다 짧은 거리에서 작전하고 1대당 가격도 훨씬 저렴해 가성비가 높다. 특전사는 약 100억 원 어치 자폭형 무인기를 도입했다. 이 기종은 이스라엘 국영 방산업체인 항공우주산업(IAI) 사가 제작한 '로템(Rotem)-L'로 알려졌다. 프로펠러가 4개 달린 쿼드콥터 형태로 비행체 중량은 5.8kg, 작전거리는 10km에 이른다. 비행시간은 최대 45분으로 탄두(무게 1.2kg)는 수류탄 2발 정도의 위력을 갖고 있다.

  군에 따르면 특전사의 자폭형 무인기 도입은 2023년부터 진행 중으로 유사시 김정은 북한 국무위원장 등 북한 정권 수뇌부가 핵·미사일 도발을 할 수 없도록 억제하는 수단 중 하나다.

　자폭형 무인기는 크기와 소음이 작아 북한군이나 북 요원 경호원들이 발견하기도 격추하기도 어렵다. 무인기 앞부분에 탑재된 카메라로 병사가 표적을 식별해 공격 지속 여부도 결정할 수 있다. 요원들이 등에 메고 휴대하다가 어떤 장소에서든 날려 보내 요인을 제거하는 방식으로 임무를 수행한다. 경우에 따라선 차량, 선박 등에서도 발진할 수 있다. 요인 암살 임무 수행을 위해 목표물을 향해 돌진하다가 임무가 취소되거나 잘못된 표적(사람)으로 식별될 경우 공격을 멈추거나 회피할 수 있다.

　이처럼 자폭형 무인기가 비밀병기로 자리 잡으면서 미국과 러시아, 중국, 유럽 등 세계 여러 나라에서 자체 개발해 운용 중이다. 이 분야를 가장 먼저 개척한 나라는 이스라엘이다. 세계 최초의 자폭형 무인기는

1980년대 개발된 이스라엘의 '데릴라(Deliah)'가 꼽힌다. 데릴라는 발사 전 목표가 입력되는 순항미사일과 달리 발사한 무인기의 무장관제사가 구체적인 목표를 식별하기 전에 목표 지역을 정찰하도록 설계됐다. 이 때문에 '배회 미사일'로 불린다.

그러나 본격적인 자폭형 무인기 시대를 연 것은 이스라엘 IAI 사의 '하피(Harpy)'다. 하피는 적 레이더 신호를 포착하면 그 방향으로 돌진한 뒤 자폭해 적 레이더 장비 등을 파괴하도록 만들어졌다. 터키와 인도, 중국 등에 판매됐고 우리나라도 100여 대를 도입한 것으로 알려졌다.

하피는 길이 2.7m, 비행체 중량 135kg에 이른다. 탄두 중량 15kg, 항속거리 500㎞의 성능을 지녔다. IAI는 최근 하피를 개량한 '하롭'(Harop) 기종을 개발해 여러 나라에 수출 중이다. 하롭은 지난 2016년 아제르바이잔-아르메니아 분쟁에서 아제르바이잔이 아르메니아군 초소를 공격하는 데 사용하며 세상에 알려졌다.

미국도 2010년대 들어 소형 자폭형 무인기들을 실전배치해 활용하고 있다. 미 육군은 2011년 에어로바이런먼트 사의 '스위치블레이드(Switchblade)' 소형 자폭형 무인기를 도입했다. 2012년 5월에는 미 해병대도 IED(급조폭발물) 매설팀을 발견했을 때 즉각적인 공격을 위해 스위치 블레이드를 도입한 것으로 전해졌다.

2017년 미 특수전사령부 요원들이 ISIS(이슬람국가) 작전에서 스위치 블레이드가 사용된 모습이 공개되기도 했나. 미군외 스위치블레이드는 산악 지역에서 즉각적인 근접 항공 지원을 받지 못하는 상황에서 적 저격수나 박격포 등에 대한 유용한 반격수단으로 활용할 수 있다는 평가를 받는다.

스위치블레이드는 길이 610㎜, 비행체 중량 2.7㎏으로 튜브에 담긴 채로 운반된다. 최대 10㎞까지 비행이 가능하고 비행시간은 10분 정도에 불과하다. 그래도 컬러 카메라와 GPS를 탑재해 실시간으로 영상을 전송해 목표를 확인한 후 운용하는 사람의 명령에 따라 돌진해 자폭한다. 폭발 위력은 수류탄 수준이다.

우리 군 당국도 다양한 국산 소형 자폭형 무인기 도입을 추진 중이다. 한화에어로스페이스와 LIG넥스원 등 국내 업체들도 선진국 제품을 모델로 국내 개발에 나서고 있다. 개발의 바탕이 되는 모델 중 하나가 미 육군 및 해병대가 사용하고 있는 스위치블레이드다. 미 에어로바이런먼트가 개발한 스위치블레이드는 아프간전, 대IS 작전 등 여러 실전에서 이미 활용되어 그 위력이 검증됐다.

미국의 '리퍼'와 비슷한 국산 무인기도 개발완료 단계에 도달했다. 대한항공이 개발 중인 중고도 무인기로, 지난 2011년 시제기가 완성돼 조만간 마무리될 것으로 전해졌다. 감시정찰 기능이 주임무인 무인정찰기지만 리퍼처럼 폭탄·미사일을 장착해 무인공격기로 개량될 예정이다. 길이는 13m, 폭 25m로 최대 고도 13㎞에서 운용될 수 있다. 비행시간은 최대 24시간으로 중동 국가에서 이 MUAV 수입에 관심을 보이는 것으로 알려졌다.

6. 막강한 위력을 자랑하는 꿈의 무기, 레일건

영화 〈트랜스포머〉에 나와 막강한 위력을 자랑한 레일건의 포탄은 음속(초속 340m)의 6배에 달하는 초속 2km로 발사돼 100~200km의 표적을 눈 깜짝할 사이 파괴하는 위력으로 '꿈의 무기'로 불린다. 엄청난 사거리와 가공할 파괴력으로 미래 전쟁의 판도를 바꾸는 '게임체인저'로 분류된다.

최근 홍콩 〈사우스 차이나 모닝 포스트〉(SCMP)의 보도에 따르면 중국 후베이성 우한에 있는 해군공과대학 전자기에너지 국립핵심연구소팀은 마하 7(음속 7배)로 날아가는 레일건 포탄을 연속으로 120발 발사하는 데 성공했다는 논문을 발표했다.

연구팀은 논문에서 연속 사격 중에도 사격 정확도를 유지했다며, 연속 발사 속도는 전자기 레일 발사 시스템의 전투 효과를 나타내는 중요한 지표로 중단 없이 안정적이고 신속하게 발사될 수 있는 유의미한 성과를 도출했다고 밝혔다.

중국 해군은 이 무기가 해양 패권의 판도를 뒤흔들 수 있을 것으로 기대하고 있다고 SCMP는 전했다. 미 해군이 그동안 레일건에 막대한 자금과 수십 년의 노력을 쏟아부었지만 국내 사정으로 2021년 개발을 포기해 사실상 중국이 세계 처음으로 안정적 레일건 개발에 성공했다고 이 매체는 평가했다.

레일건은 화약의 폭발력 대신 전기의 힘만으로 탄환을 날려 보내는 방식을 채택한 무기다. 전기에너지를 이용해 금속 탄자를 전자기력으로 가속한 뒤 발사한다. 이렇게 발사된 탄환이나 미사일은 궤도를 따라 비행한다. 특히 레일건의 포탄은 음속(초속 340m)의 6배에 달하는 초속 2km로 발사되어 100~200km 목표물까지 정밀 타격해 파괴할 수 있다. 화약이나 화학에너지가 아닌 전자기력을 이용해 발사체나 미사일이 궤도를 따라 날아가도록 해 일반 총보다 더 빠른 속도로 더 먼 거리까지 도달한다.

이 같은 레일건 개발의 핵심은 연속 사격의 안정성을 확보하는 것인데, 중국 해군 연구팀은 이에 대한 유의미한 성과를 도출해 앞으로 해군의 핵심 전략자산이 될 수 있다고 기대하는 것이다.

레일건의 개념이 등장한 건 꽤 오래됐다. 제1차 세계대전 기간 중인 1917년에 프랑스의 발명가 앙드레 빌플레가 튜더 배터리 사의 도움을 받아 실제로 작동하는 시험모델을 만들었다. 1919년 3월엔 기초적인 형태의 레일건을 공개하면서 '전기를 이용해 물체를 추진시키는 장치'라고 명명하고 미국에 특허출원해 1922년 7월에 특허도 등록했다.

이때 구상된 레일건은 현대의 레일건과 유사한 구조로 사실상 현대 레일건의 개념이 20세기 초에 정립된 셈이다. 하지만 1918년 11월에 제1차 세계대전이 종전되고 당시 레일건 기술력과 실용성이 상당히 떨어진다는 문제가 제기되면서 상용화까지는 이뤄지지 못했다.

이후 미국에서 1985년 국회 국방과학위원회의 주요연구 발표 이후 미 육군과 해군, 그리고 국방고등연구계획국(DARPA)이 지상전투차량(장갑차·전차 등)을 위한 레일건을 개발하도록 임무가 주어지면서 개발이 본격화했다. 2008년 1월에 미 해군은 레일건을 통해 10.64메가줄의 에너지로 탄환을 발사해 2,520m/s의 속도로 목표물에 명중시키는 성과를 도출했다.

2016년에는 미 해군이 세계 최초로 기내에서의 레일건 시험발사를 실시했다. 내부가 넓은 고속수송선인 JHSV USNS Trenton(JHSV-5/T-EPF-5)에서 시행됐고 일정 부분 성공적인 결과를 얻었다. 2017년엔 미 해군에서 첫 시험 운용을 실행했는데, 실제 무기체계에 탑재한 건 아니고 단순 시험사격 수준이다.

이 같은 성과를 바탕으로 2018년까지 미군의 줌왈트급 구축함에 실전 배치를 목표로 연구를 계속 진행했지만 1조 원이 넘는 예산이 문제로 제기되면서 10년 이상 추진해온 레일건 개발 계획은 결국 중단됐다.

당시 미 해군은 분당 발사 속도가 기대에 못 미치는 등 문제를 겪었다. 개발된 레일건은 분당 발사 속도가 기대치(10발)에 훨씬 못 미치는 4.8발에 불과했다. 이에 2021년 7월 미 해군은 레일건 개발을 포기했다. 이 때문에 줌왈트급 구축함의 레일건 함포 대체는 취소됐고 동시에 HVP 극초음속탄의 개발 또한 취소됐다.

반면 일본은 레일건 개발에 속도를 내고 있다. 일본 방위성 산하 방위장비청은 최근 레일건 연속 사격 시험 결과를 발표하고 "레일건 연구는 안정성 등에 착수하는 단계에 다다랐다"고 밝혔다. 일본 방위장비청은 2023년 5월 직경 40㎜, 무게 320g의 발사체를 발사할 수 있는 중형 전자기 레일건 시제품을 공개했다. 세계 최초로 레일건의 해상사격시험을 실시해 탄약의 비행 안정성 시험도 마쳤다.

일본이 레일건 개발에 집중하는 배경은 마하 5(시속 6,120㎞) 이상으로 비행하는 극초음속미사일을 요격할 유일한 무기체계가 마하 6 이상의 레일건이라는 판단에서다. 러시아와 중국, 북한 등 적대국들이 변칙궤도의 극초음속미사일 개발을 본격화한다는 소식에 일본이 발 빠르게 개발 행보에 나선 것이다.

유럽에서도 독일과 프랑스가 공동으로 레일건을 개발하는 것으로 알려졌다. 유럽의 레일건 개발과 연구결과는 잘 알려지지 않았는데, 독일과 프랑스 양국이 공동으로 설립한 연구소(ISL)에서 1987년부터 시작해 비공개로 진행해왔다는 '레일건 개발 프로젝트'가 2017년에 공개된 것이 전부다.

이때 공개한 레일건은 페가수스(Pegasus)라고 명명된 트럭 탑재형으로 포구초속은 2.5㎞였다. ISL에서는 'RAFIRA'라고 불리는 대함용 레일건을 함께 개발했던 것으로 알려졌다. RAFIRA는 분당 발사속도 5발, 100g의 탄환을 2.4㎞/s의 속도로 발사할 수 있는 것으로 전해졌다. 이와 관련 2023년 7월 프랑스 국방조달청은 포구초속 2~3㎞급의 함포용 레일건 조달 계획을 공개하기도 했다.

레일건의 초기 단계로 볼 수 있는 레이저 대공무기도 있는데, 우리 군이 세계 최초로 지난 12월 중순 서울 도심을 수호하는 육군 수도방위사령부에 실전배치했다. 당장은 북한의 소형 무인기가 우리 영공을 침투할 경우 요격 임무를 수행한다. 최첨단 레이저 대공무기 명칭은 '천광(天光)'으로, 서울 용산 대통령실 옆 건물인 합동참모본부 소속 합동전쟁수행모의본부(JWSC) 건물 옥상에도 설치돼 실전 운용 중인 것으로 알려졌다.

탄약 없이 전기만으로 운용되는 레이저 무기다 보니 소음이 거의 없어 적에게 총탄 소음으로 발각될 일이 없다. 1회 발사비용이 약 2,000원에 불과해 효율성도 뛰어나다. 방공지휘통제경보체계와 연동해 실시간으로 표적정보를 수신해 위협을 감지하며 제거할 수 있다. 광섬유에서 생성된 레이저로 표적을 타격하는 무기체계로 영화처럼 발사된 레이저가 눈에 보이지는 않는다.

가장 큰 강점은 정밀성과 빠른 대응 속도다. 표적이 작거나 빠르게 이동하더라도 레이저 빔을 통해 즉각적인 대응할 수 있다. 유효사거리 내에서 실시간 탐지와 타격을 동시에 수행할 수 있어 적의 소형 무인기와 멀티콥터에 최적화된 무기로 꼽힌다.

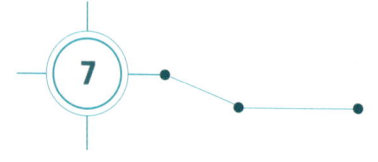

7 북 신형 전차 vs K2 흑표

　세계 상위권 전차로 독일의 '레오파르트2A7+'와 미국의 'M1A2 에이브럼스', 영국의 '챌린저2', 이스라엘의 '메르카바 MK4' 그리고 한국의 'K2 흑표'가 선두권을 차지하고 있다. 대한민국이 자체 개발한 전차가 위풍당당하게 명품 전차 반열에 우뚝 서 있는 것이다. 흑표 전차는 2003년 국산 개발에 들어가 2008년 성공했다. 한국 육군의 두 번째 주력전차라는 의미를 담아 'K2'라는 제식번호가 붙었다. 별칭은 검은 표범을 뜻하는 '흑표'로 명명됐다.

　현재 전 세계의 주력전차는 대개 3세대로 분류되는데 흑표는 3.5세대에 해당된다. 현재 미국과 독일, 러시아 등 전차 선진국은 4세대 개발을 시작했다. 4세대 전차는 스텔스 기능과 무인화, 최신 정보기술(IT)이 적용된 통합통제시스템을 기본으로 한다. 우리 군도 흑표 후속 모델인 4세대 전차 개발에 나섰다.

　북한은 2020년 10월 열병식과 2021년 10월 무기전시회에서 신형 전차 'M-2020'의 외관을 공개했다. 성능은 여전히 베일에 싸여 있는 상황이지만 전문가들이 외형 위주로 분석해 내놓은 결과로는 3세대급 이상의 전차 기술을 적용한 것으로 판단하고 있다. 흑표 전차에 뒤지지 않는 위력을 보유한 것으로 본 것이다. 이런 상황에서 육군의 주력전차 'K2 흑표'와 북한의 신형 전차 'M-2020' 두 전차가 맞붙는다면 과연 누가 더 셀까?

2020년 10월 10일 북한 노동당 창건 제75주년 기념 열병식에서 처음 북한군의 신형 전차가 공개되었는데, 공식 명칭은 아직 밝혀진 바 없다. 다만 서구에서는 최초 식별한 연도를 사용하여 M-2020 전차로 명명했다. 우리 군에서는 아직 명칭을 부여하지 않고 있다.

북한의 신형 전차는 외관을 살펴보면 이란 '줄피카(Zulfikar)-3' 전차의 차체, 포탑, 반응장갑 설계와 북한제 '선군호' 전차의 무장 시스템을 결합한 후 러시아 'T-14' 전차의 선진적 설계 개념을 더해 한 단계 업그레이드한 것으로 보인다. 설계나 완성도를 보았을 때 기존 선군호 전차에 비해 급격한 전차 기술의 발전을 적용한 것이다. 북한군 신형 전차는 기존의 주력 '천마호'와 '폭풍호' 등을 대체할 것으로 예상된다.

신종우 한국국방안보포럼 전문연구위원은 "내부 공간이 넓어졌고 전면 측면에 이어 상부에도 반응장갑이 장착돼 방호력이 강화됐다"며 "대전차 미사일 2발을 탑재했고, 능동방어 장치, 외부 광학카메라로 전차 외부 시야를 더 확보할 수 있도록 변화했다"고 분석했다.

북한의 신형 전차는 기존 전차와 비교해 뚜렷한 외형 변화가 있다. 전차 높이는 낮아지고 앞뒤 길이는 크게 늘어났다. 생존율을 높이기 위한 해외 최신 전차들의 기술을 반영한 것으로 보이는 대목이다. 피탄 확률을 낮추기 위해 전차를 납작하게 설계하는 대신, 포탑과 차량의 전면부 장갑은 대폭 강화해 차체 앞쪽은 길어졌다. 이 때문에 기존 주력전차였던 '선군915'(선군호)와 비교해 보기륜(궤도 속 바퀴)이 1개 더 늘어 7개가 됐다.

이는 미국뿐만 아니라 러시아와 중국도 모두 채택하는 설계방식이다. 우리 육군의 K2 흑표와 중국의 VT4, 이란의 카라르 등 신형 전차 모습 모두 비슷해지고 있는 것도 전면부로 포탄이 날아와도 큰 피해 없이 튕겨낼 가능성을 높여 생존율을 제고하기 위해서다. 그것을 북한이 뒤늦게 선택한 것이다.

흑표 전차에 있는 3.5세대 전차 핵심 기술 '능동방어체계'(APS)도 적용한 것으로 보인다. 러시아 'T-14 아르마타'에 탑재된 것과 모양이 매우 유사하다. APS는 전차를 향해 날아오는 미사일과 포탄을 요격하는 기술이다. 빠른 속도로 날아오는 대전차 무기를 실시간으로 포착할 수 있는 레이더와 센서도 적용했는데 러시아 기술을 일부 확보한 것으로 읽힌다.

차체 최후방 좌우측에 있는 '슬랫아머'도 눈여겨볼 부분이다. 이 부위에 창살 모양의 장치가 장착돼 있는데, '성형작약탄두'가 전차 장갑에 닿기 전 폭발하게 하기 때문에 관통력을 절반 정도 줄여주는 효과를 얻을 수 있다.

44톤인 선군호보다 훨씬 길어진 차체와 각종 추가 장비 때문에 전차의 무게는 50톤 전후일 것으로 추정된다. 이런 중량이면 고속으로 기동시키기 위해 최소 1,200마력의 힘이 필요한데 800마력 이하의 저출력 엔진을 주로 사용하던 북한이 고출력 엔진 기술을 개발하지 못했다면 기동성이 상당히 떨어질 것으로 추측된다.

이는 높은 방어능력을 확보한 대신 선군호 최고속도인 시속 60km보다 더 느릴 것이라는 추정이 나오는 이유로, 최대 시속 70km에 이르는 K2 전차와 기동성으로 대결하면 완패할 가능성이 높다고 예측할 수 있는 근거다.

북한 신형 전차의 가장 큰 특징은 현대 전차에서 좀처럼 볼 수 없는 '불새3' 추정 신형 대전차미사일을 포탑 오른쪽에 장착했다는 점이다. 이는 기존 전차들의 주포가 K2 전차를 뚫지 못하기에 파괴력을 보강하기 위한 선택으로 보인다. 주포는 러시아 T-72부터 적용한 125㎜ 구경으로 K2 전차의 120㎜ 활강포에 대응하기 위한 것으로 분석된다.

이에 맞서는 K2는 현대위아(WIA)에서 제작한 55구경장 120㎜ 활강포를 채택해 분당 15발을 발사한다. K2에는 르끌레르 전차와 유사한 자동급탄장치가 설치돼 있다. 예비 포탄 16발은 자동급탄장치 내에 장전되고 24발은 차체 내부 공간에 적재된다.

K2의 주포는 고폭탄(HEAT)이나 날개안정분리철갑탄(APFSDS)을 비롯한 NATO 스탠더드 포탄 외에 위에서 아래로 표적을 관통하는 파이어-앤-포겟(Fire-and-Forget) 방식의 한국형 상부공격지능탄(KSTAM-II: Korean Smart Top-Attack Munition-II)을 운용할 수 있다.

KSTAM-II는 통상 전차의 장갑이 가장 두터운 전면부를 피해 상대적으로 장갑이 얇은 상부에 포탄을 내리꽂는다는 개념이다. 사격 자체가 포물선을 그리며 발사해 야포와 유사한 궤적을 그린다. 이 덕분에 KSTAM-II는 최대 8km 이내의 적 선차를 격파할 수 있다.

KSTAM-II는 대전차 유도미사일과 달리 자체 유도시스템을 장착하고 있다. 4개의 비행용 핀(fin)이 있어 목표까지 스스로 유도해간 뒤 마지막 단계에서 소형 낙하산을 개방해 목표물에 정확히 명중하도록 좌표를 수

정한다. 특히 KSATAM-II는 전차가 은폐된 상태에서도 표적을 격파할 수 있다는 점이 강점이다.

밀리미터 밴드 레이더인 EHF(Extreme High Frequency) 레이더를 채택한 점도 장점이다. EHF 레이더는 현수장치와도 연동돼 차량이 주행을 정지하고 최대한 높이를 낮추면 KSTAM-II 포사격을 실시할 것으로 간주해 목표물까지 필요한 각도를 자동 계산한다. 고급 사격통제장치는 차량뿐 아니라 저고도로 비행하는 헬기 같은 물체도 포착할 수 있다. 유효 사거리는 10km에 달한다.

K2 전차는 부무장으로 K-6 12.7mm 기관총과 7.62mm 공축기관총이 장착돼 있다. 복합장갑을 적용했지만 복합장갑을 적용한 대부분의 전차들과 마찬가지로 장갑에 적용한 소재의 종류나 비율은 기밀로 분류하고 있다. 수출용 모델에는 로켓 공격이나 대구경 대전차 미사일 등으로부터 전차를 보호하기 위해 측면에 복합장갑을 추가했다.

포탑 후면과 차체 후면에는 대전차 방호용 네트가 설치됐다. 차체 외부에는 조립(모듈)식 반응장갑(ERA: Explosive Reactive Armor)을 블록 형태로 추가해 붙일 수 있다. K2 전차의 장갑은 차체 전면부의 경우 55구경장 120mm 전차포를 견딜 수 있도록 설계됐다. 능동방어체계(APS: Active Protection System) 및 대응체계 그리고 화생방(NBC) 방호체계가 설치돼 승무원의 생존성을 최대한 보장한다.

K2 전차는 기동성에 중점을 둔 전차로 기본 중량은 대부분의 3세대 전차보다 가벼운 약 55톤 정도다. 또 하나의 특징으로 한반도 지형에 맞춰 기동할 수 있도록 설계한 현수장치(suspension)다. 한반도는 북쪽으로 올라갈수록 험준한 산지가 많은 편이므로 어떤 지형에서도 차축의 높

낮이를 조정해 안정적인 자세를 잡는 것이 중요하다.

또 도하장비 없이 1.2m까지 도하할 수 있으며 타워 형태로 설계된 스노클(snorkel)을 장착할 경우 최대 4.2m까지 잠수 도하를 할 수 있다. 이 기술은 1990년대 말 불곰사업으로 국군에 도입된 T-80U 전차를 통해 습득한 노하우를 바탕으로 제작됐다.

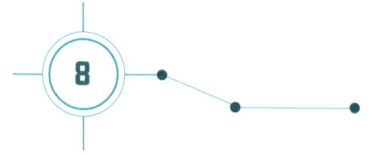

국군 최초 초음속 전투기, TA-50

　T-50 계열 항공기는 대한민국에서 자체 기술로 개발한 최초의 초음속 제트훈련기 겸 공격기다. 세계에서 자체 기술로 초음속 비행기를 개발한 12번째 나라가 우리나라다.

　정식 명칭은 'T-50 고등훈련기'다. 별칭은 '골든이글(검독수리)'로 불린다. 길이 13.4m, 너비 9.45m, 높이 4.91m로 최고속도는 마하 1.5, 이륙중량은 1만 3,454kg, 실용상승고도는 1만 4,783m에 달한다.

　한국항공우주산업(KAI) 주도로 1990년부터 개발사업을 시작해 1997년부터 미국 록히드마틴 사와 협력해 본격적인 개발에 착수했다. 2001년 10월 기체(機體)를 완성하고 이듬해 8월 첫 공개 비행에 성공했다. 이후 2003년 2월 19일 초음속 돌파 비행에 성공했고 내구 연한 25년을 검증하기 위한 내구성 시험을 거쳐 2005년 대량생산을 시작했다. 공군에는 T-50 고등훈련기와 TA-50 전술입문훈련기, T-50B 공중곡예기, 경공격기 FA-50 등 총 140여 대가 있는 것으로 알려졌다.

　T-50 계열은 전술입문훈련기인 TA-50을 기본형으로 기총과 레이더를 제거한 T-50이 편대비행, 계기비행, 공중전투기동, 항법비행, 야간

비행 등을 훈련하는 고등훈련기로 사용하고 있다.

TA-50 훈련기는 당초 F-15A·F-16·F-22 등 전투기의 조종훈련을 목적으로 설계됐다. 고도의 기동성을 자랑하는 디지털 비행제어 시스템과 디지털 제어 방식의 엔진, 견고한 기체, 착륙장치 등을 장착한 덕분에 동급 훈련기 가운데 최고의 성능을 지녔다는 평가를 받는다.

특히 T-50 고등훈련기는 F-16과 F-35 등 최첨단 전투기 운용을 위한 훈련에 최적화된 기종으로 통한다. 디지털 방식의 비행제어 계통과 최신 항전장비를 갖춘 초음속 훈련기로 설계된 덕분이다.

T-50 기체는 공기역학적 성능을 극대화할 수 있게 설계됐다. 최고속도는 마하 1.5, 최고상승고도는 4만 8,000피트(약 1만 4,630m), 실용상승고도는 4만 피트(약 1만 2,192m)에 달한다. 터보팬 엔진이 뿜어내는 1만 7,700파운드(약 8톤)의 엔진추력 덕분에 최대이륙중량은 2만 3,638파운드(약 10톤)에 이른다.

자체 중량은 1만 4,285파운드(약 6.4톤)다. 크기와 무게는 각각 F-16 전투기의 80%, 70% 수준이다. F-16 수준의 기동 성능과 F-4 수준의 무장 성능을 갖췄으며, 기체구조 수명은 8,000시간 이상이다. 이 같은 성능 덕분에 T-50은 공군 제1전투비행단에서 '빨간 마후라'를 배출하는 고등훈련기로 통한다.

TA-50 전술입문훈련기는 공군 조종사 양성체계에 따라 T-50을 이용한 고등훈련과정을 이수한 예비조종사들이 실전 배치되기 직전 무장 훈련을 하는 기체다. 공대공·공대지 사격훈련 등 전투에 필요한 전술교육에 사용되는 파생형이다.

TA-50은 T-50을 기반으로 레이더와 공대공·공대지 무장시스템을 추가한 기체다. 무장은 20㎜ 기관포와 AIM-9 사이드와인더 공대공미사일, AGM-65 매버릭 공대지미사일, MK-82 500파운드 폭탄, SUU-20 훈련탄 유닛 등을 운용할 수 있다.

앞서 공군 조종사들은 입문과정에서 국산 KT-100 항공기로 조종 훈련을 시작한다. 이후 국산 KT-1 항공기 중등과정을 거쳐 T-50 고등훈련기로 고등과정을 마치고, 전투기 조종사가 되는 마지막 단계로 전술입문과정에서 TA-50으로 전술훈련을 숙달하는 과정을 거친다.

T-50B 공중곡예기는 공군 특수비행팀 '블랙이글스'가 운용하는 공중곡예 특수항공기로 유명하다. 고도의 비행 퍼포먼스로 우리 국민에게는 물론 전 세계에 T-50 계열 항공기의 우수성을 전파하며 대한민국 공군의 위상을 높이는 데 일조하는 K-방산의 명품 항공기다.

T-50B는 블랙이글스라는 이름에 걸맞게 검은색과 흰색·노란색을 조

합해 외형을 멋지게 도색했다. 본형인 T-50과는 큰 차이가 없지만 특수 비행을 위해 여러 개조가 이뤄졌다. 항공 안전성을 담당하는 연구원이 공대공미사일과 유사한 형태로 날개 끝(Wingtip)에 장착 가능한 조명을 제안하고, 공군과 협의를 거쳐 AIM-9 사이드와인더 형상의 조명을 설계·장착했다. 덕분에 공대공미사일 형태의 조명은 각종 에어쇼에서 관람객의 만족도를 높이는 데 크게 기여하고 있다.

연막발생장치는 날개 끝에 장착하는 경우가 많지만 T-50B는 내장형 장치를 탑재하도록 개조했다. 이 같은 노력 끝에 T-50B 공중곡예기는 자국의 초음속 항공기로 곡예비행팀을 운용하는 몇 안 되는 군사강국 반열에 오르는 데 일등공신이 됐다.

대한민국이 개발한 최초의 전투기 FA-50은 노후한 공군의 A-37B, F-5E/F 등을 대체하기 위해 TA-50을 개조 개발한 공격기다. T-50 고등훈련기의 우수한 비행 성능을 기반으로 전술데이터링크, 정밀유도폭탄, 자체보호장비 등을 탑재해 개발한 항공기다. 2013년부터 작전 배치돼 운용 중이다.

FA-50에 적용된 레이더는 기존 AN/APG-67에서 이스라엘제 EL/M-2032 레이더로 변경됐다. 초기에는 미래전 환경을 고려해 빅슨 500 능동전자주사(AESA) 레이더 탑재가 고려됐지만, 수출승인 문제로 기계식 레이더로 최종 결정됐다. EL/M-2032 레이더는 다양한 공대공과 공대지 모드를 갖추고 있어 공격 임무수행에 적합하다. 특히 합성개구레이더(SAR) 영상은 정밀유도무장과 결합해 FA-50의 임무 능력을 크게 향상시켰다.

적 레이더 위협정보를 수신하는 레이더경보수신기(RWR)와 위협에 대해 채프와 플레어를 투발할 수 있는 디스펜서(CMDS)도 장착했다. 이 생존장비는 적 위협을 조기에 탐지하고 분석해서 전장상황 인식능력을 강화함으로써 적 위협을 무력화할 수 있어 조종사와 항공기의 생존성을 향상시켰다.

야간투시경(NVG)으로 야간공격 임무수행이 가능하도록 야간투시장치(NVIS)가 추가됐다. 야간투시장치 사용으로 FA-50은 야간비행 시에도 조종사의 비행착각을 방지하는 것은 물론, 야간작전 수행능력을 증대했다. 정밀유도폭탄으로는 GPS 유도무장인 합동직격탄(JDAM), 바람수정확산탄(WCMD) 등을 운용할 수 있다.

네트워크 중심전에 부합하도록 링크-16 전술데이터링크를 탑재해 실시간으로 전장정보를 공유할 수 있다. 엔진은 TA-50에 사용한 F404-GE-102 엔진이 그대로 사용됐다. F404는 디지털 제어장치를 통해 신뢰성 및 안정성이 크게 향상된 엔진이다. 최대추력 8톤급의 F404 엔진을 통해 최대 마하 1.5의 속도로 비행이 가능하다.

공대공·공대지미사일과 일반폭탄, 기관포 등의 기본 무장을 비롯해 합동정밀직격탄(JDAM)과 지능형확산탄(SFW) 같은 정밀유도무기 등을 최대 4.5톤까지 탑재할 수 있다. 최대이륙중량은 12.3톤으로 11.2톤인 F-5E/F보다 약간 무겁고 19.18톤인 KF-16보다는 가볍다.

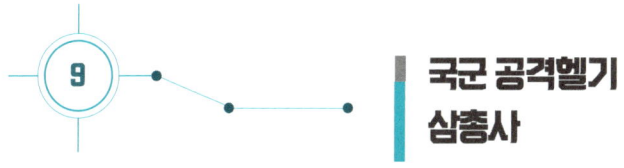

9　국군 공격헬기 삼총사

군 헬기는 목적에 따라 공격형 헬기와 기동헬기로 구분한다. 그 가운데 공격형 헬기는 적군에 대한 공격과 제압을 목적으로 미사일과 로켓, 기관포 등의 무기체계를 갖춰 지상 및 공중의 목표물을 파괴하는 임무를 수행한다. 반면 기동헬기는 주로 정찰과 수색, 인력·장비의 이동, 지원 임무 등을 맡는다. 이처럼 공격형 헬기와 기동헬기는 서로 다른 임무가 주어지기 때문에 작전 환경에 맞게 특화돼 설계된다.

육군이 운용하는 이들 헬기 중 적 지상 플랫폼 무기를 제거하는 공격형 헬기가 주로 핵심 전력 자산으로 분류된다. 우리 군이 운용하는 공격형 헬기는 크게 3가지가 있다. 소형무장헬기와 대형공격헬기 그리고 해병대가 향후 운용할 상륙공격헬기다.

우선 공격형 헬기 중 가장 크기가 작은 한국형 소형무장헬기 'LAH'(Light Armed Helicopter)는 육군이 운용하는 기동헬기 '수리온' KUH-1보다 크기는 작지만 무장 능력과 네트워크전 능력, 생존성 등에서 진보한 성능을 갖춘 헬기다. LAH는 수십 년간 사용해 노후한 육군의 500MD 헬기와 AH-1S 코브라 공격헬기를 대체할 것으로 보인다. 육군은 2031년까지 5조 5,700억 원을 투자해 LAH 약 170대를 보유한다는 계획이다.

LAH는 유럽 에어버스 헬리콥터가 개발한 'H155' 기종을 기반으로 제작했다. 에어버스 헬리콥터는 H155 생산에 필요한 모든 기술을 제공하고 해당 기종을 단종시켜 우리나라에서만 생산되도록 했다. 우리나라는 이 기체를 기반으로 소형무장헬기 LAH뿐만 아니라 다용도 민수용 헬기 'LCH'도 만들어 경찰과 소방 등 비군사 분야와 민간에서 활용하고 있다.

LAH는 소형무장헬기지만 크기나 무게는 공격헬기 코브라(AH-1S)와 유사하다. H155가 다양한 임무를 수행할 수 있게 공간이 여유 있게 만들어진 플랫폼이기 때문이다. 덕분에 소형무장헬기로 개조하면서 뛰어난 무장과 각종 능력을 갖출 수 있게 됐다.

항공전자장비가 상당히 우수하다. 국내 독자 개발한 열상장비 및 전투 제어체계 등을 탑재해 주야간 및 원거리 교전능력이 뛰어나다. 레이저 및 레이더 경보장치, 채프/플레어 등 각종 생존장비들도 탑재됐다. 무장은 체급이 다소 작아 아파치와 비교하면 열세지만 독자적 임무 수행에는 충분하다. 천검 공대지 미사일, 20mm 기관포(코브라에 사용된 3연장 M197 기관포), 70mm 로켓(무유도로켓으로 7연장 발사관을 최대 2기 탑재) 등이 주요 무장이다.

주목할 점은 천검 공대지 미사일로 최대 4발을 탑재한다. 8km의 사거리로 선단에 장착된 탐색기의 영상을 헬리콥터에 광섬유로 전송해 이 영상을 보고 조종사가 원격조정하는 유선유도 방식으로 운용할 수 있다. 필요한 경우 발사 후 망각방식으로 운용할 수도 있다. 천검 미사일 존재 덕분에 기존의 코브라 공격헬기보다 2배가 넘는 교전 거리를 확보하게 됐다.

육군이 운용하는 최고 항공전력은 대형 공격헬기 'AH-64 아파치'다. AH-64 아파치는 러시아의 Mi-24 계열 헬기 다음으로 가장 많이 제작된 공격헬기다. 2,400여 대 이상 생산돼 전 세계에서 가장 대표적인 공격헬기로 명성을 날리고 있다.

인디언 부족의 이름을 따는 미 육군 회전익기 명명 관례에 따라 만들어진 AH-64 아파치의 역사는 40년이 넘는다. 시제품의 첫 비행이 1975년으로 전 세계가 48년이 넘는 기간 동안 운용하고 있다.

1982년부터 본격적으로 생산된 아파치의 최초 모델은 AH-64A 기종이다. 초기 AH-1과 비교해 항속거리와 무장탑재량(최대 16발의 헬파이어 미사일), 방어능력(23㎜ 대공포탄 공격에도 승무원 보호), 기동속도 등 모든 면에서 압도적으로 뛰어나다. 특히 첨단센서(야간전 능력과 원거리 교전능력)와 화기관제장비, 무장능력은 최대 강점으로 꼽힌다.

우리 군의 대형공격헬기 2차 사업은 육군 기동사단의 공세적 종심기동작전 수행 때 공격속도를 보장하고 실시간 항공화력 지원을 위해 대형 공격헬기를 해외에서 도입하는 사업이다. 육군은 2012~2021년 실시된 1차 사업 당시 약 1조 9,000억 원을 들여 AH-64E '아파치 가디언' 헬기 36대를 도입해 전력화를 완료했다.

이어진 2차 사업은 2023년부터 2028년까지 진행된다. 총사업비는 약 3조 3,000억 원이다. 방위사업추진위원회는 구매 방식을 정부 간 계약 즉 대외군사판매(FMS) 방식으로 결정했다. 이는 판매국 정부가 보증해 방산업체가 생산하고 해당 정부에 인도한 다음, 우리 군이 인수하는 방식이다. 방산업계는 아파치급 헬기 36대가 추가 도입될 것으로 내다보고 있다. 추가 도입이 완료되면 육군의 아파치급 헬기는 모두 72대로 늘어난다.

상륙군 해병대는 상륙기동헬기를 매년 순차적으로 도입하는 동시에 전력증강을 위해 상륙공격헬기 도입도 함께 추진한다. 상륙기동헬기는 해병대 병력을 싣고 상륙작전에 투입되지만 상륙공격헬기는 상륙 병력이 탑승한 기동헬기를 호위하고 지상과 공중의 위협을 타격하는 임무를 맡는다. 상륙공격헬기대대는 전시에 막강한 공격력을 바탕으로 적진에 상륙하는 지상부대를 엄호하는 역할을 수행한다. 현재 시제기 개발이 끝나 전력화를 위한 시험비행에 들어간 단계다.

상륙공격헬기는 병력 수송을 담당하는 상륙기동헬기 마린온에 무장을 탑재하는 형태로 국내에서 개발이 추진됐다. 해병대는 항공단 공격헬기대대 창설이 예정된 2028년에 맞춰 2026년 하반기 체계개발 종료하고, 순차적으로 전력화를 통해 24대를 도입해 1개 비행대대를 구축할 계획이다. 2022년부터 2031년까지 총사업비는 추후 사업타당성조사를 통해 검토·확정된다는 전제 아래 약 1조 6,000억 원이 투입될 예정이다.

개발되는 상륙공격헬기는 소형무장헬기(LAH)에서 입증된 최신 항전 및 무장체계가 적용되고 국산 헬기 최초로 공중전에 대비한 공대공 유도탄을 운용한다. 터렛형 기관총과 유도 및 무유도로켓, 공대지 유도탄 등의 무장도 장착한다. 최신 생존 장비인 국산 미사일교란투발장치(CMDS), 레이저·미사일·레이더경보수신기(LWR, MWR, RWR) 등을 모두 장착해 대공화기에 대한 높은 생존성도 확보할 예정이다.

또한 TADS(표적획득지시장비) 탑재를 통해 다수의 표적을 동시에 추적할 수 있게 한다. 국산 천검 공대지 미사일 탑재로 8km 거리에서 목표물

공격도 가능하다. AH-64, AH-1과 동일한 수준이다. 동체와 엔진, 조종석, 블레이드 및 각 계통에 12.7㎜탄에 대한 방호설계도 적용된다. 조종사 및 사수의 안전을 위해 방호능력도 추가됐다. 피격 시 추락하지 않고 임무를 지속 수행하도록 적용된 설계기법이다.

   방사청 관계자는 "상륙공격헬기 사업을 통해 입체고속 상륙작전을 구현하기 위한 상륙군의 항공화력 지원능력이 보강될 것"이라며 "서북도서에서의 적 기습 강점을 대비할 수 있는 능력도 강화되는 것을 비롯해 국내 기술력 확보 및 국내 일자리 창출 등이 기대된다"고 설명했다.

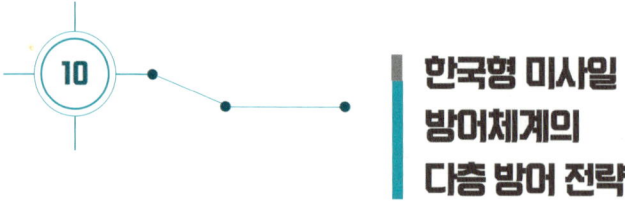

10 한국형 미사일 방어체계의 다층 방어 전략

"요격미사일, 장거리 레이더 및 작전통제의 모든 기술적 요소를 독자적으로 완성함으로써 천궁-Ⅱ에 이어 세계 최고 수준의 미사일 방어체계 개발능력을 재확인한 쾌거입니다."

국방부 장관 주관으로 열린 장거리 지대공 유도무기 'L-SAM' 개발 완료를 기념하는 행사에서 개발을 총괄한 이건완 국방과학연구소장이 밝힌 소감이다.

더 높은 고도에서 적의 탄도미사일을 막아낼 수 있는 장거리 지대공 유도무기(L-SAM·Long-range Surface-to-Air Missile)가 순수 국내 기술로 성공적으로 개발이 완료됐다. 2015년부터 1조 2,000억 원이 투입된 L-SAM은 '탄도미사일 종말단계 상층 방어 체계'에 해당한다. 군이 목표로 했던 다층적 미사일 방어 능력을 구현하는 핵심 무기체계로 꼽힌다. 국방부는 "L-SAM에는 미국이나 이스라엘 등 극소수 국가만 보유한 요격 관련 최첨단 기술들이 대거 국내에서 개발돼 적용됐다"고 평가했다.

L-SAM 기술은 미국이나 이스라엘 등 극소수 국가만 보유한 요격 관련 최첨단 기술로, 이를 국내 기술로 독자 개발해 적용했다. 특히 운동에

너지를 이용해 적 미사일을 직접 타격하는 직격요격(힛투킬·hit to kill) 방식을 채택했다는 것이 특징이다. 목표물 주변에서 폭발해 퍼지는 파편을 통한 요격인 폭발파편 방식보다 정확도와 파괴력이 뛰어나고 기술적 난도가 높다.

직격요격을 위해서는 그만큼 정밀한 유도가 필요한데 이를 가능하게 하는 위치 자세 제어장치(DACS), 표적의 미세한 열원을 감지·추적하는 적외선 영상탐색기(IIR)도 국내 기술로 구현됐다. IIR의 시야를 확보하고 요격 직전 신속하게 분리되는 전방 덮개, 요격 순간 운동에너지를 최대치로 끌어올려 직격요격 효과를 극대화하는 이중 펄스형 추진기관 등도 L-SAM 개발에 따른 성과라고 국방과학연구소(ADD)는 설명했다.

한국형 미사일 방어체계(KAMD)는 다층 방어 전략을 기반으로 구축됐다. 이는 단거리, 중거리, 장거리 미사일을 모두 방어할 수 있도록 하기 위해서다.

방어체계는 크게 세 가지로 나뉜다. 우선 '탐지 및 추적'이다. 적의 미사일이 발사되면 이를 조기에 탐지하고 추적하는 것이 가장 중요한 첫 단계다. 이를 위해서 다양한 레이더 시스템과 위성 감시 시스템이 활용된다.

다음으로 '요격'이다. 적 미사일이 우리 영토로 날아오는 경우 이를 중간 단계 또는 종말 단계에서 요격하는 것이 중요하다. 우리 군은 이를 위해 다양한 요격 미사일을 보유하고 있다. 마지막으로 '방어'다. 미사일 방어체계의 마지막 단계는 미사일 요격에 실패 시에 피해를 최소화하기 위한 방어 조치다. 우리 군은 강력한 미사일 방어 시스템 구축을 통해 적 미사일을 요격하는 동시에 반격할 수 있는 체계를 갖췄다.

만약 북한이 핵무기 도발에 나선다면 우리 군은 '한국형 3축 체계'가 가동된다. 발사 징후를 사전에 포착해 발사 전에 제거하는 킬체인(Kill Chain)에, 국내 기술로 독자 개발한 L-SAM을 포함한 한국형 미사일 방어체계(KAMD), 김정은 북한 국무위원장을 표적 타격할 수 있는 대량응징보복(KMPR)을 더한 개념이다. 한국형 3축 체계의 한 축이 바로 한국형 미사일 방어체계다.

북한은 수도권을 공격할 무기로 장사정포뿐만 아니라 서울을 직접 때릴 수 있는 근거리 및 단거리 탄도미사일을 대거 보유하고 있다. 북한이 보유한 신형 단거리 미사일 등은 전술핵을 탑재할 수 있는 것으로 알려졌다. 따라서 서울 등 수도권 방어를 위해 미국이 개발한 사드와 패트리어트에 더해 한국이 개발한 M-SAM-Ⅱ(천궁-Ⅱ), L-SAM을 비롯해 한국형 아이언돔 등 복합 다층 방어 체계가 풀가동될 때 수도권 및 핵심시설 방어를 위해 다다익선 효과를 발휘할 수 있다.

그렇다면 한국형 3축 체계 핵심 중에 하나인 한국형 미사일 방어체계(KAMD)는 어떻게 이뤄졌을까. KAMD는 하층과 상층으로 나눠져 방어체계를 구축한다. 탄도미사일은 발사 후 상승 단계, 외기권(우주)에서 고공비행하는 중간단계, 고도 100㎞ 이하 대기권으로 재진입해 하강하는 종말단계를 거친다. 종말단계 중에서도 통상 고도 40㎞를 기준으로 상층과 하층을 구분한다.

하층 방어는 '한국형 패트리어트'라 불리는 M-SAM-Ⅱ(천궁-Ⅱ)가 고도 30~40㎞에서 북한 미사일을 요격하는 하층방어체계의 핵심 전력으로 꼽힌다. M-SAM-Ⅰ을 개량한 것이다. 이미 작전 배치된 M-SAM-Ⅰ(고도 20㎞ 이하)은 더 낮은 고도를 책임지고 있다. 이들 무기와 함께 하층방어를 담당하는 전력은 패트리어트(PAC-2/PAC-3·고도 40㎞ 이하)가 있다.

하층과 상층에 중간 지역을 담당하기 위해 현재 개발 중인 M-SAM-Ⅲ(고도 40㎞ 이상)도 있다. M-SAM-Ⅲ는 북한 미사일에 효과적으로 대응하고자 M-SAM-Ⅱ보다 요격성능과 교전능력이 향상된 유도무기다. 오는 2034년까지 약 2조 8,300억 원이 투입돼 개발된다.

상층방어 전력은 이번에 개발이 완료되어 전력화될 '한국형 사드'로 불리는 L-SAM(고도 50~60㎞)이 있다. L-SAM은 미사일 종말단계에서 고고도(상층)에 속하는 40~60㎞ 상공에서 미사일을 요격한다. 다른 상층 요격 무기인 주한미군의 사드(40~150㎞)와 함께 복합 다층 방어망의 한 축을 맡는다.

여기에 더해 현재 개발 중인 L-SAM-Ⅱ(고도 60~150㎞ 이하)가 있다. L-SAM-Ⅱ는 기존 L-SAM보다 요격 고도가 상향된 고고도 요격유도탄과 공력비행 미사일을 장거리에서 요격할 수 있는 활공단계 요격유도탄이 핵심이다. 주한미군에 배치된 사드와 동일한 요격 고도에서 북한 미사일을 타격할 L-SAM-Ⅱ는 오는 2035년까지 2조 7,100억 원이 투입돼 개발된다. 기존 L-SAM의 최고 요격고도가 60㎞ 정도였지만 L-SAM-Ⅱ는 최고 요격고도가 100㎞ 이상으로 늘어난다.

아울러 M-SAM 블록-Ⅲ의 개발도 함께 진행한다. 최고 요격고도도 블록-Ⅱ 대비 2배 수준인 50㎞ 이상으로 확대된다. M-SAM 블록-Ⅲ는 사거리와 요격고도가 2배로 늘어 방어 면적이 4배로 늘어나고, 동시 교전할 수 있는 (요격탄) 발수는 블록-Ⅱ 대비 5배 이상 증가해 동시다발적으로 쏟아지는 (미사일) 공격 방어가 가능해진다.

이에 따라 L-SAM-Ⅱ는 상층 방어를, M-SAM 블록-Ⅲ는 하층 방어를 담당하게 된다. L-SAM-Ⅱ 개발은 국방과학연구소(ADD)가 주관하며, 총사업비는 1조 664억 원, 사업 기간은 2032년까지다. ADD가 주도하는 M-SAM 블록-Ⅲ 개발의 총사업비는 2조 8,015억 원, 사업 기간은 2034년까지다.

종합하면 미사일 방어 체계에서 저고도(40㎞ 이하)는 미국산 패트리어트3(PAC-3), 한국산 M-SAM, 중고도(60~100㎞)는 한국산 L-SAM, 고고도(150㎞)는 미국산 사드(주한미군이 한반도에 배치하는 사드)와 L-SAM-Ⅱ 등이, 여기에 해상용 KAMD로 해군 이지스 구축함인 정조대왕함에 배치될 SM-6(240~460㎞), 세종대왕함에 배치될 SM-3(500㎞ 이상)이 다층 방어 체계를 이루게 된다.

우리 군은 실전배치가 이뤄지는 시점인 이르면 2027년 공군 미사일방어사령부에 'L-SAM 운용부대'를 창설할 계획이다. 경북 성주에 있는 주한미군 사드 기지처럼 별도의 L-SAM 운용 부대를 만들어 하층방어 전력부대와 연동해 복합적이고 다층적인 방어체계를 구축하겠다는 구상이다.

해군의 유도무기, 해궁·해성·해룡

해군은 지난 2024년 5월 동해 해상에서 육군, 공군과 함께 합동 해상 전투탄 실사격 훈련을 실시해 성공적으로 마무리했다. 눈여겨볼 대목은 국내 기술로 개발한 해상 유도무기 삼총사인 대함 유도탄 방어 유도탄 '해궁', 함대함 유도탄 '해성-Ⅰ', 전술 함대지 유도탄 '해룡'이 실사격 훈련에서 목표를 정확히 타격하며 국산 유도무기의 우수성을 입증했다는 점이다.

해상 유도무기의 중요성은 러시아와 우크라이나 간 전쟁이 장기화되는 가운데 러시아 흑해함대의 기함인 1만 1,500t급 대형 순양함 모스크바함이 방어에 실패하며 허무하게 격침됐다는 소식을 계기로 다시 부각되고 있다. 이 사건 하나로 러시아 해군은 자존심에 상처를 입은 반면, 우크라이나군의 사기는 급상승하며 전쟁의 국면이 크게 요동쳤기 때문이다.

우리 해군에게도 함정용 해상 유도무기 '삼총사'가 있다. 날아오는 적 대함(對艦) 미사일과 상공에서 공격하는 항공기 등의 위협으로부터 함정을 방어하기 위한 국산 '해궁'(海弓) 요격 미사일이 대표적이다. 다층 미사일 방어망의 하나로 미국의 RIM(Rolling Airframe Missile)-116램 미사일을 대체하기 위한 주요한 무기 체계다.

해궁의 가장 특징은 수직으로 발사된 직후 90도로 방향을 틀어 날아오는 표적을 명중하는 방식이다. 러시아 기술을 활용한 것으로 알려졌다.

해궁은 2011년부터 2018년까지 1,617억 원을 투입해 국방과학연구소(ADD)가 LIG넥스원 등과 손잡고 개발했다. 함정의 최대 위협인 대함유도탄과 항공기 공격을 막는 유도무기로 레이더(RF) 및 적외선탐색기로 구성된 이중모드 탐색기를 탑재하고 있고 수직발사대에서 발사된다.

특히 음속의 2배에 달하는 속도로 최대 20km 떨어진 적 항공기나 대함순항미사일 등을 격추할 수 있는 것이 가장 특징이다. 2021년부터 대구함과 마라도함 등에 배치되기 시작했다. 길이는 3.08m로 1발당 가격은 10억 원 수준이다. 함정의 한국형수직발사기(KVLS)에 4발씩 탑재된다.

눈에 띄는 성능은 해궁이 음속 이하 속도의 아음속 대함미사일은 물론 마하 2급(級)의 초음속 대함미사일도 요격할 수 있다는 점이다. 이중 탐색기 등 정밀한 유도장치 덕분이다. 해궁은 무선주파수(RF), 열영상(IIR) 탐색기를 함께 운용해 적 대함미사일 포착과 추적 성공률을 높였다. RF 탐색기는 미사일 앞부분, IIR 탐색기는 미사일 앞쪽 측면에 부착돼 있다.

여기에 적 전자전 시도를 무력화하는 기술과 더불어 대함미사일의 탄두부를 근거리에서 정확히 식별해 직접 타격하는 기술도 적용됐다. 이는 음속의 2~3배가 넘는 속도로 날아오는 초음속 대함 미사일은 동체 등의 손상을 입어도 관성에 의한 고속비행을 통해 아군 함정에 타격을 줄 수 있으므로 함정의 철벽 방어를 위해서는 먼 거리에서 완전하게 파괴하는 것이 무엇보다 중요하기에 그렇다.

한국산 함대함(艦對艦) 미사일 '해성'은 콜롬비아 해군이 지난 2023년 7월 공식 유튜브에 자국 호위함에서 1발로 표적 함정을 격침하는 영상을 공개해 현지 언론들의 이목을 집중시켰던 K방산의 대표 해상 유도무기다. 함대함 '해성-Ⅰ', 함대지 '해성-Ⅱ', 잠대지 '해성-Ⅲ' 세 가지 버전이 있다. 속도는 마하 0.95 수준으로 아음속(음속에 약간 못 미치는 속도) 순항미사일로 분류된다.

SM-700K '해성-Ⅰ' 함대함 미사일은 길이는 5.46m, 직경은 54㎝에 이른다. 최대 사거리는 180㎞ 이상으로, 1발당 가격은 20억 수준이다. '한국판 하푼 미사일'로 불린다. 기술력의 핵심인 고성능 소형 터보팬 제트엔진 개발은 러시아와의 기술 협력으로 러시아 대함 미사일인 'Kh-35' 엔진으로 쓰인 R95TP-300 엔진을 도입해 만들었다.

가장 큰 특징으로 레이더 탐지를 피하기 위해 수면에서 5m 정도의 저고도로 물 위를 스쳐 날아가는 해면 밀착 비행 즉, 시 스키밍(sea skimming) 기동을 꼽을 수 있다. 이를 통해 적 함정의 함대공 미사일이나 근접방어무기(CIWS)에 요격될 확률을 최소화한다.

팝업(popup) 기동과 재공격 등 다양한 공격 모드도 지원한다. 팝업 기동은 적 함정에 근접한 후 다이빙하듯 내려찍는 방식으로, 탄속을 늘려 적 근접방어무기에 격추될 가능성을 낮췄다. 게다가 표적을 맞히지 못하면 선회비행해 명중시킬 때까지 반복적으로 공격하고, 비행 중 최대 8개의 변침점을 통해 아군의 함정과 섬들을 피하도록 설계됐다.

함대지 순항미사일 해성-Ⅱ는 해성-Ⅰ의 초음속 버전으로, 마하 1의 속도로 지상 표적을 타격할 수 있어 '한국판 토마호크 미사일'로 불린다.

육군이 운용하는 '현무-Ⅲ' 순항미사일을 기반으로 함정에서 운용할 수 있게 개량한 함대지 순항미사일이다.

최대 사거리는 1,500㎞에 달해 해성의 3가지 버전 중에 가장 길다. 한국형 구축함(DDH Ⅱ·4400t급) 중 왕건함에 최초 탑재됐다. 유사시에 평양에 주둔한 북한군 지휘부를 비롯해 핵 시설, 미사일 기지 등 다수의 표적에 대한 정밀 타격이 가능하다.

잠대지 순항미사일 '해성-Ⅲ'는 잠수함 발사 정밀유도 초음속 순항미사일이다. 최대 사거리는 1,000㎞에 달한다. 속도도 터보제트 엔진을 장착해 음속의 2.5배 수준으로 적 함정을 공격할 수 있다. 2013년 작전 배치됐고 탄두중량 포함 발사중량은 700㎏에 이르는 것으로 전해졌다.

어뢰발사관으로 발사하는 해성-Ⅲ는 원형공산오차(CEP)가 1~3m에 불과한 정밀 유도무기로 꼽힌다. 역시 현무-Ⅲ와 같이 북한 전 지역을 사정거리로 두고 있다. 무엇보다 적 영해까지 근접해 초음속 속도로 목표물을 공격할 수 있어 북한은 물론 중국과 일본도 경계하는 무기다.

전술 함대지 미사일은 군함에서 육상 목표물을 공격하는 미사일로, 우리 군이 자체 개발해 운용하는 '해룡'이 있다. 기존 '해성' 함대함 미사일을 기반으로 개발되어, 사거리가 250㎞에 달한다. '해성-Ⅱ' 개량형인 이 미사일은 해성처럼 터보제트 엔진을 사용한다.

이 미사일은 능동 레이더 탐색기를 사용하고 위성·관성항법으로 비행한다. 개선된 GPS 재밍 대응 시스템도 적용했다. 종말 단계에 표적을 최종 확인 후에 팝업 기동하는 능력을 갖추고 있는 것으로 알려졌다. 탄두는 광역 공격용 확산탄으로 교체돼 지대함 미사일 포대 같은 지상 목표 제압에 효과적 수단으로 꼽힌다.

주요 목표는 북한 해군의 지대함 미사일, 상륙저지병력 등 전술적 목표의 긴급 타격으로 전해진다. 해룡은 한국형 수직발사관과 해성 함대함 미사일 발사관인 경사 발사대에서도 발사가 가능하다. 국방부는 지난 2017년 1월 24일 함대지 미사일 해룡의 전력화 사실을 발표한 바 있다. 북한이 백령도·연평도 등 서북도서 국지도발을 할 경우, 도발원점 등을 타격하는 주요 응징보복 수단 중 하나다.

무엇보다 전술 함대지 미사일은 기존의 골칫거리이던 북한 해안포대의 지대함-함대함 겸용인 실크웜 미사일을 비롯해 새롭게 등장한 지대함 금성 3호(북한판 '우랄' 미사일) 발사차량 제거에도 요긴하게 사용할 수 있다.

유사시에 공군의 공대지 유도무기(예: KGGB, SDB)나 서해 5도에 배치된 해병대의 대지 화력(천무 다연장로켓, 스파이크 미사일) 등으로 금성 3호를 비롯한 북한의 지대함 미사일 사용을 견제할 수 있지만, 멀리 떨어진 해군 수상함에서 위협받는 시점에 즉시 반격할 수 있기에, 북한에게는 상당히 위협적 존재다.

한국군 실상과 이모저모

1 부족한 병력, 그 해결책은

한국국방연구원이 발표한 〈병역자원 감소 시대의 국방정책 방향〉 보고서에 따르면 2022년 말 기준으로 병력은 48만 명으로 50만 대군의 벽이 무너졌다. 2018년에 60만 명대에서 50만 명대로 내려앉은 지 불과 4년 만이다. 북한군 상비군은 118만 명 수준인 것을 감안하면 우리 군의 병력은 북한의 40%에 그치고 있는 형편이다.

그러나 징병제인 육군 기준 병 복무기간을 18개월로 유지하고 간부 규모와 현역판정비율, 상근·보충역 규모를 현재와 동일하게 유지한다면 15년 후인 2038년에는 39만 6,000명을 기록하며 40만 명 아래로 내려갈 것으로 전망했다. 특히 이 시기가 되면 병사(19만 6,000명)보다 간부(20만 명)가 많은 군대가 될 것으로 예측했다. 저출생에 따른 병역자원 감소가 직접적인 이유로 꼽혔다.

상비병력 50만 명을 유지하기 위해서는 매년 22만 명을 충원해야 한다. 하지만 KIDA가 주민등록인구와 생존율 자료를 토대로 연도별 20세 남성 인구를 추산한 결과 2036년부터 20세 남성 인구는 22만 명 아래로 떨어지고 2042년에는 12만 명까지 급감하게 된다. 저출생에 따른 병역자원 급감이라는 불안한 미래에 대비할 수 있는 '골든타임'은 불과 10여 년밖에 남지 않은 것이다.

적정 병력을 확보해야 하는 군 입장에서도 발등에 불이 떨어졌지만 선뜻 대책을 내놓지 못하고 있다. 병역에 민감한 국민정서와 가공할 파급력 탓이다. 자칫 사회적 혼란과 갈등만 유발할 수 있어 국방부로서는 여론의 눈치만 살피는 게 현실이다. 군은 '국방혁신 4.0'에서 추진 중인 인공지능(AI) 과학기술강군 육성으로 병역 자원 감소에 대비한다는 생각이지만 저출생 시대를 극복하기에 충분할지 우려하는 목소리가 매우 커지고 있는 상황이다.

현재까지 나온 대책은 크게 세 가지다. 모병제 본격 도입과 여성 병력 확대(여성 징병제), 현역 복무기간 연장이다. 이외에 대체복무 폐지와 민간 인력 채용도 대안으로 거론되고 있다.

우선 모병제는 인적자원의 효율적 운용과 전문성 제고, 국민의 병역 부담 감소 및 지원률을 극대화할 수 있다는 장점이 있다. 현재의 의무 징집제를 '완전 모병제'로 전환해서 상비군을 30만 명 선으로 유지하는 것이 대안으로 가장 많이 제기되고 있다. 하지만 2040년 예상되는 인구 구조로는 10만~20만 명의 모병제 병력 확보도 쉽지 않아 부정적 전망이 많다.

국회입법조사처가 내놓은 〈모병제 도입 및 징병제 재도입 국가 비교 분석〉 보고서에 따르면 모병제를 위한 가장 중요한 것은 목표한 병력 충원과 충분한 예산이다.

예컨대 우크라이나는 모병제 전환 이후 목표로 하는 병력의 70%밖에 충원하지 못해 군사력 약화 문제가 발생했다. 독일도 2025년까지 20만

3,000명 수준을 목표로 했지만 2022년 5월 현재 18만 4,000명에 불과하다. 스웨덴 역시 2010년 당시 모병제를 통해 매년 5,000명을 모집하고자 했지만 실제 지원자는 2,400명에 불과해 병역 부족에 시달린 끝에 결국 2018년 징병제로 되돌아갔다.

그나마 성공했다는 평가를 받는 미국의 모병제 비결은 '제도와 혜택'이다. 군 제대자에 대한 취업가산점과 학자금·주택대출제도, 무상의료 등 파격적인 혜택에 군대에 가려고 대기하는 흐름까지 생기면서 미국 모병제는 비교적 잘 유지되고 있다. 우리도 완전한 모병제로 전환하려면 미국 같은 과감한 예산 지원과 법률적 근거를 마련할 필요가 있다.

일각에서는 모병제의 실효성이 떨어지는 각국의 사례를 고려해 현재의 징집병 제도를 유지하면서 3년 복무의 '유급 지원병 제도'처럼 모병제를 병행해야 한다는 목소리도 나온다. 징집제는 그대로 두고 부분

적으로 모병제를 도입해 병역자원 확보 측면에서 실효성을 높이자는 주장이다.

'젠더' 이슈와 겹쳐 논란이 많지만 여성 징병제도 대안으로 거론되고 있다. 병역에 남녀를 구분하지 말자는 것으로, 남녀평등 차원에서 여성도 군대를 가야 한다는 주장이다. 여성 모병제 주장도 나온다. 현재 간부에 국한된 여성 군인을 병사로도 복무하도록 문호를 넓히자는 취지다. 제도가 없어 지원하지 못할 뿐 병사로 복무하고 싶어하는 여성들도 있어, 현역병 복무를 원하는 여성에게 기회를 제공하는 것이 남녀평등 차원에도 부합한다는 논리다.

노르웨이는 북대서양조약기구(NATO) 가입국 중 최초로 여성 징병제 도입을 결정했다. 처음에는 노르웨이에서도 여성 징병제에 반대하는 목소리가 컸다. 하지만 각 정당의 찬성론자들은 여성 징병제가 성 평등을 가져올 것이라고 주장하며 여성계를 설득하고 사회적 합의를 주도했다. 특히 사회주의 계열 소속 여성 정치인들이 주도했다. 군대가 노르웨이에서 가장 강력한 힘을 가진 집단 중에 하나라며, 그 힘이 남자에게만 허락된다면 이는 노르웨이가 추구하는 평등이라는 기본적 원칙을 훼손한다고 설득했다.

결국 2013년 6월 노르웨이 의회는 성 중립적 징병제를 위한 결의안을 승인했다. 이후 노르웨이 의회는 2014년 10월 성 중립적 징병제를 반영할 수 있도록 병역법(verrepliktsloven)과 국토수호법(heimevernloven)을 수정해 여성 징병제가 2016년부터 시행됐다. 이에 따라 매년 19세가 되는 남성과 여성 약 6만여 명이 복무대상자로 분류된다. 하지만 복무대상자 중 능력과 동기 등을 고려해 군이 필요로 하는 약 8,000명 정도만 선발해 징집한다.

반면 세계 최강 군대를 보유한 미국은 여성 징병제 도입에 실패했다. 미국 사회 전체의 최종적인 합의를 도출하지 못한 탓이다. 미국은 현재 모병제를 운용하고 있다. 미국에서 징병제는 1973년에 폐지됐지만 만 18세 이상 남성은 군 의무병역시스템(MSSS)에 등록해 유사시 징병에 응해야 한다.

가장 현실적 대안으로 오르내리는 것이 현역 복무기간 연장이다. 현재 병사 복무기간은 육군·해병대 18개월, 해군 20개월, 공군 21개월이다. 현재 제도가 유지된다면 저출산 탓에 2035년 이후엔 매년 2만 명 수준의 병력 축소가 불가피해 복무기간을 18개월에서 21개월 또는 24개월 등으로 유연하게 적용해야 한다는 주장이다.

그러나 이미 감축한 복무기간을 다시 연장한다면 거센 반발에 직면할 수 있어 현실적이지 않다는 것이 군 안팎의 지배적인 견해다. 정치권도 국민 정서를 고려할 수밖에 없다. 3년이 넘었던 육군 복무기간을 18개월까지 줄였는데 이를 다시 늘린다는 건 정치적 자해행위가 될 수 있기 때문이다. 표에 민감할 수밖에 없는 정치권이 '복무기간 연장'을 공약으로 내놓을 일은 없을 것이다.

예산도 필요 없는 대체복무 폐지가 실현 가능성이 높다. 대체복무제는 산업체나 대학에서의 근무로 군 복무를 대신하는 제도다. 군 당국도 저출산으로 병역자원 감소로 대체복무제 폐지가 불가피하다며 긍정적 입장이다. 반면에 대체복무제를 활용하려는 청년들과 관련업계는 국가경쟁력이 크게 떨어질 것이라며 강하게 반대하는 상황이다.

유럽에서는 1991년 소련이 붕괴하고 냉전이 끝난 이후 서유럽 국가를 시작으로 모병제로 전환하는 흐름이 강했다. 그러나 러시아가 크림반도를 병합한 이후 흐름이 바뀌었고, 우크라이나와 러시아 전쟁으로 징병제 재도입 논의에 불이 붙기 시작했다. 우크라이나는 2013년 10월 모병제 전환을 결정했다가 2014년 러시아 침공 직후 징병제를 재도입했다. 2008년 모병제를 도입했던 리투아니아도 2015년에, 러시아와 전쟁을 벌였던 조지아도 모병제로 전환한 지 7개월 만인 2017년에 징병제를 재도입했다. 2010년 모병제로 전환했던 스웨덴 역시 2018년에 징병제를 재도입했고 프랑스와 독일 또한 징병제 재도입 논의가 최근 활발하게 진행되고 있다.

2 정예 군 장교 1명을 양성하는 비용

대한민국에서 장교가 되는 길은 육·해·공군 사관학교 장교와 학군(ROTC) 장교, 학사 장교, 이렇게 세 가지가 있다. 각 출신별로 1명의 정예 장교를 길러내기 위한 양성 비용은 천차만별로, 사관학교 출신 장교 1명 양성 비용과 ROTC 및 학사 출신 장교 1명 양성 비용 간에 많게는 27배의 격차가 보였다.

대한민국 ROTC 중앙회에 따르면 2023년 기준으로 직·간접비를 모두 포함해 육군사관학교 장교 1인당 양성 비용은 2억 4,600만 원에 달한다. ROTC 후보생을 육성하는 비용인 2,200만 원보다 10배 이상 많다. 해군사관학교는 2억 4,600만 원, 공군사관학교는 2억 4,400만 원, 간호사관학교는 1억 4,400만 원 수준이다.

사관학교는 고등학교 졸업 이후 4년 동안 교육을 받는다. 교육 기간이 2년인 3사관학교 출신 장교 1인당 양성 비용은 1억 3,500만 원 정도다. 교육 기간 2년인 학군 장교 1인당 양성 비용이 육군의 경우 2,200만 원, 해군 1,700만 원, 공군 2,100만 원 수준이다. 대학(혹은 대학원) 졸업 후 입대해 17주 동안 집중 훈련을 받는 학사 장교의 양성 비용은 육군

1,400만 원, 해군 1,200만 원, 공군 900만 원이다.

이에 따라 장교 1명을 양성해 배출하는 비용은 군별·출신별로 최고 2억 4,600만 원에서 최저 900만 원까지 격차를 보이는 것으로 확인할 수 있다.

장교 1인당 양성 비용은 직접비와 간접비로 나뉜다. 직접비는 급여와 급식, 피복비, 탄약소모비, 교보재 등이고, 간접비는 인력운영비, 장비·시설유지비, 유류비 등이다.

ROTC 중앙회 측은 "사관학교 장교 대비 ROTC 장교 1명을 육성하는 비용이 10배 이상 격차를 보이면서 지원율 감소에 일조하고 있다"며 "사관학교 장교는 직업군인으로 갈 수 있는 메리트까지 더해져 급격한 지원율 하락이 없다. 열악한 처우에 따른 ROTC 장교 지원율을 높이기 위해서는 월급제 전환 및 지급비용 증가 등 개선책이 시급하다"고 지적했다.

조직력이 튼튼한 대한민국 ROTC 중앙회가 후배 장교들의 양성 비용 확대에 가장 적극적이다. 단기복무장려금을 없애는 대신 기존의 품위유지비를 대폭 늘려 ROTC 후보생에게 사관생도와 같은 수준으로 월급을 지급하는 방안을 요청하고 있다.

만약 ROTC 후보생에 대한 월급제 전환이 확정되면 단기복무 장려금 제도는 폐지된다. 현재 ROTC 입단 때 1,200만 원(2024년 기준)을 일시불로 지급하는데 2025년 2,000만 원, 2026년에는 2,600만 원을 지급하는 방안이 검토되고 있다.

이와 별도로 입영훈련비, 후보생 역량강화비, 부교재 구입비 인상도 추진된다. 현재 입영훈련비는 입영 3개월간, 1회 입영 시 110만 원, 2년간 330만 원이 지급된다. 앞으로 1회 입영 시 200만 원으로 인상해 2년간 600만 원 지급을 검토하고 있다. 후보생 역량강화비도 8개월간 32만 원(2년간 64만 원)에서 앞으로 연간 160만 원(2년간 320만 원)으로의 인상이 추진된다. 부교재 구입비(입영 6개월)는 2년간 연간 163만 원대(월 6만 8,120원)였다며, 앞으로(입영 8개월)는 2년간 800만 원대(월 50만 원)로 인상을 추진한다. 이에 따라 입영훈련비·후보생 역량강화비·부교재 구입비를 모두 합치면 2년간 약 20만 원 초반을 매달 지급받던 것이, 건의안이 반영되면 월 80만 원 초반까지 인상된다.

국회 국방위 관계자는 "ROTC 후보생은 병사(육군 기준 18개월)보다 10개월 많은 복무기간(28개월) 및 2025년이면 병사(병장 기준 월 205만 원)의 봉급이 소위(월 178만 원) 등 장교보다 많아 급여가 역전된 데다가 군 가산점제도 폐지, 사라진 장교 취업우대, 열악한 복지 등으로 MZ(밀레니얼+Z) 세대의 지원을 꺼리게 만드는 요인이 되고 있다"며 "이런 탓에 수도권 대학 ROTC 후보생 경쟁률이 급격하게 떨어지는 것을 개선하기 위해서는 사관학교 생도 수준의 재정지원을 확대하는 게 시급하다"고 했다.

교육기간이 17주인 학사 장교의 경우는 양성비용은 육군 1,400만 원, 해군 1,200만 원, 공군 900만 원에 불과해 가장 열악하다. 게다가 3개월가량의 훈련 기간은 의무복무 기간에서 제외돼 40개월가량을 초급 장교로서 지내야 하는 상황이다. ROTC 장교의 경우 재정 지원 확대는 물론, 곧바로 복무기간을 단축할 방법도 있다. 법 개정 없이 현재의 군인사법만 적용해도 충분히 시행이 가능하다. 반면 학사 장교는 복무기간 단축도 법 개정 사안으로 국회에서 여야의 합의가 있어야 가능한 실정이다. 학군 장교가 급격한 지원률 하락에 대한 대응책을 서둘러 추진하고 있는 것과 비교하면 대조적인 모습이다.

인기가 하락한 요인은 장병에 비해 긴 복무기간과 열악한 처우가 꼽힌다. 현재 병사 복무기간은 18개월에 불과한 반면, 학군 및 학사장교는 24~40개월에 달한다. 2024년 기준 소위 1호봉 기본급은 189만 2,400원이다. 2025년부터 병사들의 경우 병장 기준 월급 150만 원과 지원금 55만 원을 합쳐 200만 원 이상을 받게 돼 초급간부인 소위 월급이 큰 폭의 인상 없이 제자리 걸음이라면 역전 현상까지 나타날 우려가 높다. 따라서 급여 인상과 복무기간 단축 등 근본적인 대책을 세우지 않으면 학군 장교와 학사 장교 경쟁률은 더 떨어질 것이라는 게 군 안팎의 시각이다.

3. 2030년에는 '다문화 군'으로 변한다

2030년부터 우리 군은 '다문화 군대'로 변모하게 된다. 다문화 가정 출신 장병들의 군 입대가 늘어나기 때문이다. 최소 1개 사단 규모인 연 1만 명이 넘는 다문화 가정 출신 장병이 입대할 것이라는 전망이 나온다. 한국의 출생률이 급격하게 감소한 탓에 입영대상이 되는 전체 18세 남성 인원이 지속적으로 감소하면서, 전체 출생 대비 다문화 가정 출생의 비중이 커져 다문화 가정 출신 18세 남성의 입영대상자 비율도 같이 증가하기 때문이다.

이에 따라 앞으로 다문화 장병은 저출생으로 병력이 부족한 현상 속에 군을 유지해나가는 데 필요한 주요 병력자원이 될 수 있으므로, 군 당국이 적극적으로 다문화 장병에 대한 관리와 지원정책을 서둘러 수립해 추진할 필요가 있다는 지적이 나온다.

한국국방연구원(KIDA)이 발표한 〈군 다문화 정책발전 방향에 대한 제언〉 보고서에 따르면 다문화 가정 출신 장병이 2030년에는 1만여 명에 달할 것으로 예상됐다.

2010년 51명이었던 다문화 가정 출신 장병은 2016년에 634명으로 약

12배 증가했다. 2010년대 후반 들어 외국인 주민 및 다문화 가구의 수가 크게 증가하는 사회적 흐름에, 2018년에 1,000명을 넘어섰다. 이후에도 병역자원이 급격히 감소하는 반면, 다문화 장병 입영자 수는 계속 증가해 2025년에 약 4,400명, 2030년엔 약 1만 명의 다문화 장병이 입대할 것으로 전망된다.

현역 가용자원 대비 다문화 장병 입영 비율은 2022년에 1% 수준에 그쳤지만 2030년부터는 5% 수준에 달할 전망이다. 2009년 병역법 개정으로 현재 대한민국 국적을 보유한 사람은 인종과 피부색에 관계없이 병역의무가 부여된다. 다문화 가정의 유형 중 국제결혼 가정(한국인과 외국인의 결혼으로 형성된 가족)에서 출생한 경우도 병역의무를 수행해야 한다.

상황이 이런데도 군 당국의 다문화 장병에 대한 지원 정책은 주로 일부 종교 및 식단 지원 등 최소 복지에 국한돼 다소 형식적이고 단편적인 정책으로 일관하는 현실이다.

보고서는 군의 다문화 정책의 한계점으로 크게 세 가지를 꼽았다. 우선 군은 다문화 장병에 대한 현황 등의 식별 활동이 다문화 장병에 대한 차별적 행위가 될 수 있다는 이유로 별도로 집계하지 않고 있다는 점이다. 이에 다문화 장병에 대한 기본적인 현황파악이 되지 않고 있는 상황이다. 이 같은 행태는 다문화 장병을 위한 제도 마련과 병영정책의 수립에 제한점이 되고 있다고 보고서는 지적했다.

둘째로 다문화 장병 관련 법령 및 규정에 제시된 내용이 다소 개념적이고 포괄적이라 구체적 세부 내용이 반영되지 못하고 있다는 것이다. 국방부 차원의 다문화 정책에 대한 비전과 목표가 명확하게 제시되어 있지 않은 탓에 다문화 병영정책을 위한 전담조직과 인원이 편성되지 않아, 추진력이 미약하고 정책의 적극성이 떨어지는 문제가 상존한다고 보고서는 평가했다.

마지막으로 비교적 동질적인 민족공동체 의식이 강한 한국 군대가 점진적으로 다양한 문화적 배경을 가진 장병들로 구성될 것이므로 인식 및 수용성 측면에서의 대비가 필요하지만, 현재 군의 다문화 관련 교육은 부대 관리훈령상에만 명기된 필수요건만을 충족시키는 수준에 그치고 있다는 점이다.

게다가 교육 또한 다문화 차별에 대한 전문성이 부족한 지휘관에 의해 실시되고 있다는 점에서 정책의 실효성이 낮아지는 문제가 반복되고 있다고 지적했다.

특히 보고서에 따르면 다문화 장병 증가 추세에 따라 당면하고 있는 문제점 및 실태 파악, 요구사항 등을 다문화 가정 출신 전역 장병에 대한 인터뷰와 현역 장병을 대상으로 한 설문조사 결과 다음과 같은 실상이 확인됐다. 가장 먼저 '다문화 장병에 대한 인식 및 수용성' 분야에서 일반 장병의 인식을 살펴보면 다문화 장병을 언어와 문화가 다른 외국인으로 생각하는 고정관념이 있는 것으로 조사됐다.

'다문화 교육 실태' 분야에서는 '부대관리훈령'에 따라 반기 1회 이상 다문화 이해 교육을 실시해야 하지만 병의 교육 경험률이 매우 저조하고, 실제 부대에서 다문화 이해 교육이 제대로 시행되고 있지 않은 것으로 나타났다.

'다문화 장병 군 복무 적응 및 복무여건' 분야 또한 다문화 장병은 일반 장병과 마찬가지로 초반 훈련소와 자대 배치 후 적응과정에서 상당한 어려움을 겪고 있다. 또 일반적인 복무 부적응과 별개로 미묘한 차별 및 갈

등, 외모 차이로 위축 등 다문화 가정 출신이라는 현실적 어려움도 큰 것으로 파악됐다.

심지어 '다문화 장병 지원제도 인식' 분야에선 간부의 15%가 여전히 다문화 장병이 입대하는 것을 모르는 것으로 나타났다. 다문화 장병에 대한 공식적인 식별 활동의 금지에 대해서도 과반이 인지하지 못하고 있어 다문화 장병 관련 제도에 대한 장병, 특히 간부의 인지도 개선이 시급히 요구된다고 보고서는 제시했다.

이 보고서는 이 같은 문제를 해결하기 위해 군의 다문화 정책으로 다섯 가지를 제언했다.

첫째는 정책 범위를 '다문화 장병 지원정책'에서 '다양성 관리' 차원으로 확대할 필요가 있다고 봤다. 다문화 장병에 국한된 정책 추진이 아닌, 전반적인 다양성 관리 관점에서 접근해 보다 상위적 개념의 틀 내에서 다른 다양성 항목들과 일관된 방향으로 다문화 장병 정책을 추진해야 한다는 것이다.

둘째는 전반적인 다양성 관리 차원으로의 정책 범위 확대와 연계해 '다문화 장병'에서 '일반 장병'으로 군 다문화 정책 대상을 확대할 필요가 있다고 했다. 다문화 장병에게만 통합 및 적응을 강요하는 것에서 벗어나 모든 장병이 통합과 다양성 교육에 참여해야 한다는 지적이다.

셋째로 다문화 가정 출신 장병에 대한 일원화된 관리에서 벗어나 다문화 장병의 특성 및 희망에 기반한 세분화된 관리 및 지원체계 구축이 필요하다고 강조했다. 입대 장병 배경의 다양성(국내 출생 및 중도입국, 이중언어 사용, 외모 식별 가능 여부 등)에 따른 한국어 능력 및 문화, 생활 양식이 달라 이 차이를 고려한 세분화된 관리 및 지원체계 마련도 요구된다는 제안이다.

넷째는 입영 후 다문화 장병의 애로사항을 해소하는 제도의 경우, 현재의 지원 중점에서 벗어나 다문화 장병의 복무 적응을 고려해야 한다고 주문했다. 다문화 장병의 신병 교육 단계 및 자대배치 직후 등 입대 초기 적응 어려움을 고려해 복무단계별 맞춤형 지원체계를 강화할 필요가 있다는 지적이다.

마지막으로 정책 인프라 구축을 통한 통합적·체계적 정책 추진 및 지자체 연계·협력 강화가 필요하다고 했다. 정책 상위조직 및 전담기관 등의 인프라 구축 및 활용을 통해 일관성 있는 정책 및 제도의 지속적 발전과 실행을 비롯해 정부·지자체 및 관련 기관과의 연계, 협업체계 구축으로, 사회 전반과 연계성을 강화해 다문화 교류 활동 확대로 다문화 수용성 증대를 도모할 필요가 있다는 제언이다.

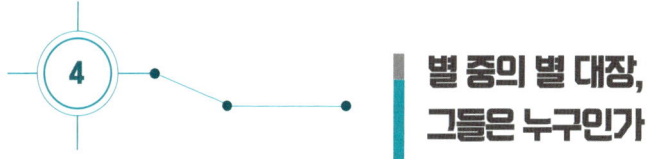
별 중의 별 대장, 그들은 누구인가

 군(軍)에 있는 수많은 별 중의 별 대장, 그들은 누구인가. 대장(大將)은 군대 계급 중 하나로 중장의 위, 원수의 아래에 위치한다. 영미 육군·공군·해병대에서 'General', 영미 해군·해안경비대는 'Admiral', 영국 공군은 'Air Chief Marshal'로 불린다.
 현재 국군의 장성급 장교 중 사실상 가장 높은 계급이다. 대한민국 국군이나 미군에선 계급장의 별 숫자를 따서 포스타(Four Stars)라고 부른다. 우리 군에는 원수 계급이 군인사법상으로는 존재하지만 실제로 임명된 바가 없어 실질적으로 대장이 최고 계급이다. 많은 사람들이 오해하는 게 대한민국 대통령은 국가원수이지 군 원수는 아니다. 대한민국 국군의 대장은 그 위상에 걸맞게 국무회의 의결을 거쳐야 오를 수 있다. 이 때문에 대장은 각 부처 장관 같은 예우를 받는다. 국방부 차관보다 의전 서열이 높은 이유다.
 대장급 자리는 합참의장·3군 참모총장·한미연합군사령부 부사령관·육군 지상작전사령관·육군 제2작전사령관 등 국군을 통틀어 7명에 불과하다. 장교로 임관한 군인의 최고 꿈은 장군으로 승진해 '별'을 다는 것이다. 준장으로 별 하나 다는 것도 꿈같은 일이다. 그런데 별 네 개인 대장이 된다는 것은 밤하늘의 별 따기보다 어렵다는 말이 나올 만큼 가히 기적이며 신화로 여겨진다. 실제 군인 가운데 0.000014%만 오를 수 있는 자리다.

대장 보직의 임기는 통상 2년이지만 실제로 2년을 다 채우지 못하고 후배들에게 자리를 내주고 전역하는 경우가 허다하다. 그래도 대장 출신은 국군을 총괄 지휘하는 국방부 장관으로 영전할 후보군 1순위다.

각 군별로 대장이 될 수 있는 조건이 있다. 육군에서 대장이 될 수 있는 경우는 보병, 포병 또는 기갑 병과 등 전투병과로 제한된다. 위관과 영관 시절에 보직을 GOP 사단, 수방사, 특전사 중 하나라도 거쳐야 대장 진급에 유리하다. 해군은 오로지 항해 병과, 공군은 조종 특기 가운데 주기종이 전투기이고 무조건 전방석(조종석)이어야만 대장에 올라갈 수 있다. 해병대는 부활 후 군인사법에 해병대 사령관의 전직이나 진급이 안 되게 명시돼 중장에서 끝났지만, 2019년 4월 군인사법 개정으로 대장 진급이 가능해졌다.

우리나라의 의전서열은 대통령이 1순위다. 이어 국회의장, 대법원장과 헌법재판소장이 공동 3위, 국무총리가 5위다. 그렇다면 군대에서는 어떨까.

대장은 군대 조직에서 가장 높은 서열인데, 같은 4성 장군이라도 의전 서열이 다르다. 합동참모의장이 의전 서열 1순위다. 합참의장은 출신에 상관없이 육·해·공군 대장이 모두 영전할 자격을 갖는다. 중장에서 바로 진급하는 것도 가능하다.

합동참모의장은 3군 통합 의결기구인 합동참모회의의 의장이자 통합방위본부장이다. 군령권을 갖고 있어 국방부 장관의 명을 받아 육·해·공군 등 각 군의 작전부대를 지휘·감독한다. 때문에 3군 참모총장보다 의전서열이 높다. 다음은 육군참모총장·해군참모총장·공군참모총장 순이다. 합참의장과 3군 참모총장 외에는 대장으로 진급한 시기 순으로 서열이 매겨진다.

대장이 되면 무엇이 달라질까. 4성 장군 진급과 함께 크게 10가지가량 특별대우가 주어진다. 그도 그럴 것이 국군 50만 명 중에 장군은 370명 수준. 그중 대장은 단 7명이다. 우선 '억' 소리나는 연봉을 받는다. '2022년 국방통계연보'를 보면 대장의 연평균 보수는 1억 5,457만 8,000원이다. 기본급에 일반수당·특수업무수당·복리후생비 등이 모두 포함됐다. 신임 장교인 소위의 연평균 보수는 3,281만 원이니 대장이 소위 5명의 보수를 받는 셈이다. 월급으로 따지면 약 1,288만 원을 수령해 대기업 임원 부럽지 않다. 2023년 기준 부총리의 연봉이 1억 4,343만 8,000원으로 부총리보다 훨씬 많이 받는 것이다. 장관 및 장관급에 준하는 공무원은 1억 3,941만 7,000원을 받는다.

억대 연봉뿐만 아니라 군인은 20년 이상 복무하고 전역할 경우 받는 군인연금도 고액이다. 대장으로 전역하는 장교의 근속연수는 보통 30년이 넘어 매월 550만 원 정도를 받는다. 예컨대 일반 근로자의 정년인 60세에 대장으로 전역해 80살까지 연금을 받는다면 20년간 받는 군인연금 액수는 연 6,600만 원, 총 13억 2,000만 원에 달한다. 은퇴 후에도 돈 걱정하지 않고 살아도 되는 혜택이 주어지는 것이다.

대장에게는 공관(公館)도 제공된다. 공관은 정부 고위 관리가 공적으로 쓰는 저택이다. 각 군 본부가 위치한 충남 계룡대에 총장 관사가 있다. 원래 육·해·공군 본부는 서울에 있었다. 육군본부는 서울 용산구 삼각지에 해군과 공군본부는 각각 영등포구 신길동과 동작구 대방동에 있었다. 그러나 윤석열 정부가 들어서면서 육군참모총장과 해병대사령관의 서울 공관을 대통령실로 넘겨주면서 철폐됐다. 이에 육군과 해병대는 서울에 별도의 공관을 마련했고 해군참모총장과 공군참모총장은 여전히 서울 대방동과 계룡대 2곳에 공관을 두고 있다. 따라서 3군 참모총장들은 계룡대와 서울을 오가며 대규모 공관을 이용할 수 있다.

국방부 장관과 합참의장은 서울 용산 공관촌에 공관이 있다. 여기엔 대통령 공관과 국회의장, 대법원장 공관 등 국가 요직 8개의 공관이 모여 있다.

또 장군의 '상징물'로 알려진 '삼정검'(三精劍)이 수여된다. 전두환 전 대통령 시절인 1983년부터 삼정도(三精刀)가 장성 진급자들에게 수여되었는데, 서양식 칼과 흡사하다는 지적에 노무현 전 대통령 시절인 2007년부터 삼정검으로 바뀌었다. 디자인은 조선시대 임금이 장수들에게 하사했던 '사인검'(四寅劍)을 본떠 제작했다.

관용 차량도 나온다. 대장은 에쿠스급·3,800cc가 주어진다. 전용 운전부사관이 함께 배치된다. 승용차와 작전용 지프 앞뒤엔 성판(星板)을 부착할 수 있다. 육군·해병대는 빨간색, 해군은 남색, 공군은 파란색이다. 장성이 이용하는 헬기에도 성판이 붙는다. 근무하는 건물엔 장성기(將星旗)가 게양된다.

사단급 이상 부대에선 관례적으로 비서실장을 두고 비서실을 운영한다. 대장이 되면 통상 준장급이 비서실장을 맡는다. 부대를 통솔하는 지휘관은 경호원 겸 수행비서인 전속부관을 두는데 소령 계급의 전속 부관도 따라 붙는다. 복식(服飾)도 바뀐다. 장군으로 진급하면 군복 명찰 위에 부착했던 '병과(兵科) 마크'를 뗀다. 병과를 초월해 병력을 지휘해야 하기 때문이다. 신발은 끈이 달린 일반 전투화 대신 '장군화'와 '장군벨트'가 지급된다. 끈이 없는 이 신발은 일반 구두처럼 날렵하고 쉽게 신고 벗을 수 있도록 지퍼가 달려 있다. 영관급 지휘관이 사용하는 철제 지휘봉보다 훨씬 길고 굵은 목제 지휘봉도 사용할 수 있다. 천 재질의 일반 허리띠 대신 가죽 소재 권총 벨트를 착용하며 권총 역시 K-5에서 38구경 리볼버로 교체된다.

각종 행사에 참여하면 예포도 발사한다. 국방부 장관과 동일하게 대장은 19발로 국가원수가 21발, 삼부 요인이 19발을 쏘는 것을 고려하면 대장은 확실히 남다른 예우를 받는다. 대장은 사망하면 국립대전현충원에 안장된다. 장군 묘역의 크기는 8평으로 순국 사병 묘역은 1평이다.

끝판왕은 4성 장군은 군에서 비위를 저질러도 징계를 전혀 받지 않는 점이다. 대장에 징계를 내릴 수가 없는 규정 덕분이다. 군인사법 제58조의 2(징계위원회) 2항을 보면 징계위원회는 징계처분 등의 심의 대상자보다 선임인 장교, 준사관 또는 부사관 중에서 3명 이상으로 구성하되 장교가 1명 이상 포함되도록 명시하고 있다. 따라서 대장을 상대로 징계위원회를 열려면 대장보다 선임인 장교 3명이 징계위원회에 참여해야 하지만 선임 장교가 없어 징계위원회를 구성할 수 없다.

5 부사관 최고 계급, 준위의 군 서열

    군은 명령과 복종으로 상징되는 집단으로 어느 집단보다 수직적 계급 구도가 명확하다. 따라서 군대는 조직의 상하관계와 지휘계통을 원활하게 하기 위해 계급(階級) 제도가 반드시 필요하다. 계급 체계는 간부가 되는 '장교'(소위-중위-대위-소령-중령-대령-준장-소장-중장-대장-원수), 병사와 장교 사이의 '부사관'(하사-중사-상사-원사), 군의 대부분을 구성하는 '병사'(이등병-일등병-상등병-병장) 등 크게 3단계로 나뉜다.

    장교와 부사관 사이에 있는 '준사관'(준위)은 일반인에게는 생소한 계급으로, 이 때문에 군 계급을 4단계로 구분하기도 한다. 준위는 명목상으로는 소위보다 아래다. 그러나 실제 군 내에서 그 위상은 다르다. 소위는 장교로 간 입대 초년생이 받는 직급이지만, 준위는 직업군인인 부사관이 올라갈 수 있는 최상위 직급이다.

    우리나라는 병역이 의무인 징병제를 실시하고 있다. 병사는 직업군인이 아닌, 의무 복무인 징병 군인들로 구성된다. 병사 계급이 맡을 수 있는 보직은 분대원과 분대장이다. 병사 계급장의 형태는 작대기로 이뤄진다. 지구 구성요소인 지각, 맨틀, 외핵, 내핵의 4개 층을 의미하여 계급이 오를수록 전투 능력 향상 및 임무 수행의 숙달을 상징한다.

부사관은 군대의 허리로 직업군인이다. 부사관은 간부급으로, 계급장 형태는 굳건한 기초 위에 자라나는 나뭇가지를 형상화한다. 자라나는 나무처럼 전문화된 기술과 숙련된 전투력 능력이 축적된다는 의미가 담겼다.

이에 반해 장교의 시작인 소위 전의 준위는 특수한 계급으로 분류된다. 부사관으로 입대해 상사 이상의 계급이 돼야 준위로 지원이 가능하다. 준위는 군대 내에서 항공이나 통신, 수송 등 전문 기술을 가진 특수 계급으로 보통 퇴직을 앞둔 이들의 계급이다. 예외적으로 헬기 조종사처럼 전문 직위로 선발되는 젊은 준위도 있다.

군 계급의 핵심은 장교다. 장교는 위관급-영관급-장관급으로 나뉜다. 위관장교는 준위-소위-중위-대위로, 계급장은 다이아몬드를 형상화한 것이다. 다이아몬드의 가장 단단하고 깨어지지 않는 특성을 표현해 국가 수호의 굳건한 의지를 의미한다.

영관장교 계급은 소령-중령-대령으로, 소령부터는 장기복무자(직업군인)다. 중령은 독립부대를 운영하는 대대장, 대령은 여단장 보직을 맡는다. 보병의 경우 3개 대대와 직할대대 1개가 모여 하나의 여단이 된다. 영관장교 계급장은 대나무잎을 형상화해 사계절 푸르름과 굳건한 기상, 절개를 상징한다.

스타라 불리는 군인의 영예, 장군은 장관급 장교로 준장-소장-중장-대장의 4단계다. 준장은 여단장 보직을, 별이 두 개인 소장은 지휘관의 꽃인 사단장을 맡는다. 별 세 개인 육군 중장은 군단장, 해·공군의 경우 작전사령관이 중장이다. 대장은 우리나라에 단 7명만 갖고 있는 계급이다.

이 같은 군대 계급 가운데 준사관은 특별한 의미가 있다. 준사관은 부사관과 장교의 중간 계급으로 엄연히 독립적인 계급이다. 마름모 모양이 하나인 소위 마크와 계급 마크는 닮았지만 색상으로 구분된다. 소위는 은빛인 반면 금빛을 띠는 계급 마크가 준사관 '준위' 계급 마크다. 이는 우리 국군을 이끌어가는 주역이자, 군 내에 베테랑으로서의 위상에 대한 예우의 의미가 담겼다.

준위는 성격에 따라 미국식 준위와 유럽식 준위로 구분할 수 있다. 미국식 준위는 장교 또는 사병과 분리된 별개의 계급체계로, 정식 장교로 대우한다. 미군 준사관은 장교 선서식까지 하고 대통령령으로 임관하기 때문에 정규 장교와 동등한 수준의 권한과 지위를 법적으로 보장한다.

반면에 유럽식 준위는 원사 다음으로 진급할 수 있는 계급이다. 사병의 연장선으로는 최상위 직급이다. 유럽의 경우 귀족만이 장교가 될 수 있었다. 이에 오래 복무해 전문성이 있는 부사관들을 예우하는 차원에서 장교에 준하는 권한을 줘 역할을 담당하게 한 것에서 비롯된다. 따라서 원사 다음 계급이 준위인 셈이다. 물론 미군 부사관 가운데도 E-7 이상의 Senior NCO(고참 병사)나 CPO(상사 이상의 부사관)는 유럽식 준위와 유사해 임관하지 않고 장교의 대우(포지션)를 부여하기도 한다.

대한민국 국군의 준위는 특기에 따라 미국식 준위와 유럽식 준위가 섞여 있다. 미국식 준위는 육군의 항공운항준사관, 항공무기통제준사관, 해군준사관 등이 있다. 우리 해군에서는 준위 계급부터 장교 신분이다. 육군과 공군하고는 차이가 있다. 함정 근무 시 사관실에서 생활하고 화장실도 사관용 화장실을 사용한다. 항공운항준사관이나 항공무기통제준사관은 초임 장교들과 동일한 교육을 받고 동일한 임무를 수행한다.

다만 일반 장교는 진급하면 부대를 이동하지만 준위들은 계속 같은 자리에서 같은 임무를 수행한다는 게 다르다.

유럽식 준위는 육군 기술행정준사관에 해당된다. 기술행정준위는 상사나 원사가 지원한다. 대우는 군종별로 다른데 육군이나 공군은 부사관 취급을 하지만, 해군은 그래도 철저한 장교 대접을 해준다.

우리 군의 육·해·공 준위 인원은 약 6,000명 수준이다. 대령이 2,400여 명, 중령이 7,000여 명으로 준위가 중령보다 더 귀한 인력이라고 평가하는 것은 이 같은 이유에서다. 그래서 군 내 준위의 위상은 위관급 장교들보다 높다. 준위는 공무원으로 보면 전문경력관과 유사한 위치다. 조직 내에서 전문기술과 경험을 바탕으로 특수한 대우를 받는 전문경력관처럼, 준위라는 계급은 부사관 계급 체계상의 예우 때문이 아니라 기술 권위자이자 엄연한 지휘권자로서 높은 수준의 기술과 힘을 갖춘 인원이기에 이 같은 예우를 해준다.

각 군별로 준위가 되는 방법이 차이가 있다. 육군에서 준위가 되는 방법은 세 가지다. 가장 일반적인 경우는 원사이거나 상사 3년차 이상 부사관이 양성과정을 거쳐 준위로 임관하는 방식이다. 육군의 기술행정준사관 제도로, 정기적으로 모집해서 원사 또는 상사 신분으로 2년 이상 복무한 부사관에 한정해 심사를 거쳐 준위로 임관한다.

두 번째는 회전익 항공기를 조종하는 육군항공사령부에서 근무하는 항공운항준사관이다. 현역에서 지원할 경우 고졸 이상 학력을 가지고 부사관으로 임용된 지 2년이 지난 시점부터 지원이 가능하다. 마지막으로 2013년에 최초 모병이 된 통번역준사관 제도가 있다.

해군의 경우, 2005년도 이전에는 상사 진급 후 2년 이상이 지난 부사관이 지원해 서류심사 및 시험에 합격하면 임관하는 것이 유일한 방법이었다. 하지만 공군과 달리 원사 계급을 거칠 필요가 없어 3~40대의 젊은 준위들도 제법 있다. 현재는 육군처럼 항공준사관과 통번역준사관 제도가 생기면서 시험 절차를 거치면 준위로 임관이 가능하다.

공군은 육군과 해군과는 완전히 다르다. 준위가 되기 위해서는 일반적으로 평균 25년은 근무해야 한다. 예를 들어 하사로 임관 후 약 15년이 지나 상사로 진급한 뒤 5년, 원사로 진급한 뒤 2년이 지나야 한다. 최소 조건이 상사이지만 실제 응시자는 대부분 원사다.

하지만 공군은 육·해군과 달리 조종장교는 전투임무 수행에 집중하고 지상의 병력지휘는 일부 장기장교가 하기 때문에 사실상 대부분 부사관, 즉 그 정점에 서 있는 준위가 부대를 이끌어나가고 있어 공군에서 준위 위상은 육군이나 해군과는 상당한 차이가 있다.

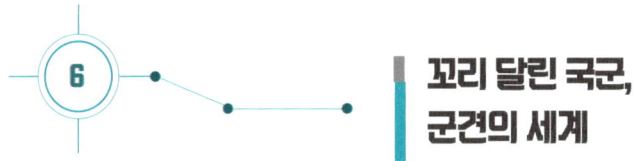

6 꼬리 달린 국군, 군견의 세계

　군에서 사용할 목적으로 사육해 훈련시켜 관리하는 특수목적견이 있다. 주된 운용 목적은 작전 지원으로 '군견'(軍犬)이라고 부른다. 군대의 대표적인 가축으로 동물로서는 군대에서 가장 큰 재산이다. 영어로는 MWD(Military Working Dog)라고 불린다.

　군견은 이집트인과 그리스인, 페르시아인, 사르마티아인, 바간다인, 알란인, 슬라브인, 영국인, 그리고 로마인들에 의해 사용됐다. 그리스와 로마인들 사이에서 개는 보초나 순찰대 역할로 가장 많이 활용됐다. 기원전 600년경에 리디아의 알리아테스가 킴메르족에 대항한 전투에서 군견을 최초로 사용한 기록이 있다. 백병전과 추격전에서 인간을 상대로 큰 우위를 점하기 때문에 과거 전쟁에서는 군견이 살상용으로 많이 쓰였다.

　현대에 와서는 경비는 물론 보급품 운반, 전령 등의 역할을 했다. 미군이 1942년부터 처음으로 본격적인 군견 훈련을 시작해 군견에게 다양한 역할을 부여하고 있다. 미군 군견은 베트남전에서 직접 전투에 참여해 적병을 물어 죽이는 등 비무장한 사람에게 위협적인 무기로 사용되기도 했다.

　군견이 활약하는 분야는 크게 네 가지다. 탐지와 경비(순찰), 수색, 정찰 등이다. 같은 군견이라도 개체마다 선천적인 능력 차이가 있고 재능을 나타내는 분야가 달라 훈련 성과에 따라 탐지, 경비(순찰), 수색(추적), 정찰 등으로 군견마다 주특기를 특성화해 배치 및 활용한다. 사람처럼 개도 특성이 다르기 때문에 각 개체마다 두각을 나타내는 분야가 다르기 때문이다. 특히 사제폭탄(IED) 같은 폭발물에 의한 피해가 크게 늘어난 현대 전장에서 이런 위험징후를 미리 파악할 수 있는 폭발물탐지견은 매우 중요하다.

　모든 분야에서 능력을 발휘하기를 기대하지만 결국 개가 가진 특유의 민감한 후각 능력이 무엇보다 중요하다. 폭발물을 찾아내는 것부터 수상한 사람을 냄새로 감지하고, 비트를 파고 땅속에 숨어 있는 공비를 찾아내는 등 군견의 주임무는 후각을 활용한 탐지다. 금속탐지기나 전자코 등 첨단 기술이 발전하고 있지만 현재까지 군견의 능력을 완전히 대체할 군 전력은 없다. 군견이 여전히 중요한 이유다. 그래서 늙은 군견이 퇴역할 수밖에 없는 가장 큰 까닭은 운동성 저하보다 후각 민감성이 나이가 들면서 급격히 떨어지기 때문이다.

　군견으로 사용되는 견종은 체력과 덩치, 지능 세 가지 요소를 모두 갖춰야 한다. 체력이 부족하여 작전이나 행군 경우에 쉽게 지쳐버리면 주어진 임무를 제대로 수행할 수 없다. 덩치가 작으면 거수자를 효과적으로 제압할 수도 없다. 지능이 높지 않으면 양성과정 중에 훈련을 제대로 받을 수 없고 명령을 제대로 이행하지 못한다.

　전 세계적으로 군견에 적합한 공통된 견종들로 네덜란드 '저먼 셰퍼드', 벨기에 '말리노이즈', 캐나다 '래브라도 리트리버' 3종이 있다. 사냥견으로도 매우 뛰어난 능력을 보여주는 견종인데, 사냥에서 요구하는 요소들이 군견에게 필요한 요소와 공통점이 많기에 그렇다. 주인에 대한 충성심이 높은 한국산 진돗개는 자신을 담당하는 군견병이 바뀌면 다른 주인을 따르지 않아 군견으로 부적합한 것으로 알려졌다.

우리나라의 군견은 어디서, 어떻게 양성될까. 총 2곳의 훈련시설이 있다. 첫 번째는 미국 정보기관이 북한군의 무장공비 대량 침투에 대비해 대간첩작전에 투입하고자 1966년 1월 1일 창설한 109 군견대다. 2007년에 육군 제1군견훈련소로 통합해 육군·해군·해병대 소속 군견은 강원도 춘천에 있는 육군 군견훈련소에서 육성한다. 다음으로 공군이 1954년 미 공군 제58전폭대로부터 군견을 인수해 1968년 제10전투비행단에 군견훈육대를 창설했다. 현재는 경남 진주 공군 교육사령부행정학교 군견훈육중대에서 운영 중이다. 공군은 공항경비 같은 특수성이 있어 통합되지 않았다.

군견훈련소의 주요 임무는 침투·국지도발 대비태세 유지, 경호경비 안전검측 지원, 군견·군견병 교육훈련, 군견 번식 및 사양관리, 군용 동물에 대한 수의 진료, 수의 예방활동, 군견의 신체검사 등을 수행한다. 양성훈련은 능력과 임무에 따라 탐지견, 수색견, 추적견, 경계견으로 구분해 고난도로 진행된다. 이렇게 약 7개월간의 복종훈련과 양성훈련을 거쳐 일선 부대에 배치된다. 실전에서 군견 1마리가 적을 수색·추적·제압하는 능력이 1개 중대 전투력과 맞먹는다는 평가를 받는다.

이처럼 강한 체력과 전투기술, 정신무장을 갖춘 프로 군견들은 군내 주요 경호작전을 비롯해 대테러 활동과 해외 파병 부대 등에도 투입된다. 훈련받은 군견은 한 해 약 80~100마리가 배출되고 현재 복무 중인 현역 군견은 약 1,300여 마리가 있는 것으로 알려졌다.

일반인이 알고 있는 것과 달리 군견은 군인의 군번과 같은 견번만 있을 뿐 계급은 없다. '군견의 계급이 '부사관(급)'이라 장병들로부터 경례를 받는다'는 낭설이 있지만 사실이 아니다. 군견은 군수품 중 장비류로 분류되기 때문에 당연히 계급이 없다.

군견교육대 소속 군견들은 아침 기상나팔 소리와 함께 기상해 오전 7시 20분 아침 식사를 시작한다. 군견을 관리하는 군견병은 군견의 아침 식사 후에야 밥을 먹을 수 있다. 군견은 아침과 저녁 하루 두 끼를 먹고 병사들보다 넓은 약 9.9㎡의 침실과 화장실을 갖춘 방에서 일과 이외 시

간을 보낸다. 군견들은 사람 나이로는 50~60대로 칠 수 있는 8살 안팎 때 퇴역하고, 퇴역 군견은 민간에 분양된다.

퇴역 군견의 민간 분양은 지난 2015년 4월 전군에서 처음 시행됐다. 당시 군수품관리법 시행령이 개정되면서 양도 심의 절차를 거쳐 퇴역 군견의 무상 양도가 가능해졌다. 이전에는 퇴역 군견은 의학실습용으로 기증되거나 안락사를 시켰다. 하지만 관련법 개정으로 육군·공군 등은 홈페이지를 통해 퇴역 군견에 대한 분양을 실시하고 있다. 일반인 신청자를 대상으로 심의를 통해 분양 대상자를 선정하고 가구당 1마리씩만 분양이 가능하다. 분양 신청자는 분양받을 퇴역 군견의 사망 후 처리까지 계획을 세세하게 기록해야 한다.

사실 군견이 되는 길은 멀고도 험난하다. 한 해 군견교육대에서 태어나는 강아지는 130여 마리로 그 가운데 작전견이 되는 비율은 30%에 불과하다. 군견훈련소에서 생후 6개월이 된 예비 군견들은 군견의 자질을 갖췄는지 확인하는 군견 적격심사를 받는다. 군견 적격심사에서 시·청각 등의 감각도, 활동성을 평가하는 활력도, 사람과 개에 대한 사회성, 운동능력, 소유욕 등 10가지 항목에 대해 평가한다. 이 같은 적격심사를 통해 100점 만점 중 80점 이상을 받아야 비로소 군견이 될 자격이 주어진다.

적격심사를 통과한 개들은 양성훈련을 통해 총소리 등 폭음에 대한 대처, 명령에 대한 반응, 훈련 집중력, 임무수행에 필요한 담력 등 혹독한 훈련과 평가를 받는다. 이 과정을 거쳐 최종적으로 약 20주간 작전 훈련을 받으며 생후 2년쯤 될 때 군견으로서 임명돼 부대에 배치되고 임무가 주어진다.

군견도 병과를 나눠 훈련시킨다. 양성훈련을 통과한 군견들은 각자 특성에 맞게 추적견, 정찰견, 폭발물 탐지견으로 나뉘어 훈련을 진행한다. 기동력이 뛰어난 셰퍼드와 말리노이즈는 주로 추적·정찰 임무를 수행하고 집중력이 뛰어난 래브라도 리트리버는 폭발물탐지 임무를 맡는다.

7 DMZ·GP·GOP·MDL 알아보기

중동부 전선인 강원도 화천군 칠성전망대. 영화 〈고지전〉의 모티브로 6·25전쟁 중에 가장 치열했던 425고지 전투가 벌어졌던 곳이다. 1953년 7월 20일, 정전협정을 일주일여 앞두고 벌어져 6·25전쟁의 마지막 승전으로 기록된 전투다. 이 승전 덕분에 국군은 화천발전소를 사수하고 38선으로부터 35㎞ 전방까지 확보하는 전과를 올렸다.

전쟁의 포성이 멈춘 지 71년이 흘렀지만 현재도 육군 7사단 장병들은 GOP(일반전방 감시초소)에서 경계작전 근무를 서고 있다. 망원경으로 북측 초소와 북한군의 움직임을 체크하는데, 망원경을 통해 보이는 붉은 인공기가 펄럭이는 모습은 분단을 실감케 해준다.

정전협정에 따라 군사분계선(MDL)을 기준으로 남한과 북한의 양쪽 군대는 2㎞씩 후퇴해 있어야 한다. 그러나 북한이 1968년 협정을 어기고 북방한계선 남쪽으로 철책을 설치해 이에 맞대응으로 우리 군도 철책을 전진 배치했다. 문재인 정부 때인 2018년에 체결된 9·19 남북군사합의 이행 차원에서 한국과 북한은 비무장지대(DMZ) 내 최전방 감시초소(GP) 각각 11곳씩을 골라 10곳은 완전 철거하고, 나머지 1곳은 병력·장비는 철수하되 그 원형은 보존하는 조치를 취해 군사적 충돌 완화에 합의했다. 이에 따라 비무장지대 내 GP는 북측이 160여 개에서 150여 개로, 남측은 70여 개에서 60여 개로 줄어들었다.

하지만 북한이 최근 일방적으로 9·19 남북군사합의 파기를 선언한 이후 DMZ 내 GP를 복원하는 작업에 들어갔다. 판문점 공동경비구역(JSA) 북한 측 경비요원들이 권총을 착용하는 등 잇따라 군사 조치를 강화해 이에 대응하는 차원에서 우리 군 당국도 철수한 11개 최전방 GP 중 강원도 고성에 있는 '829GP'부터 복원하면서 비무장지대를 두고 남북의 군사적 긴장감은 또다시 고조되고 있다.

전 세계에서 유일한 한반도의 비무장지대는 1953년 한국전쟁 종전 직후 체결된 정전협정에 따라 설정됐다. 임진강에서 동해안까지 총 1,292개의 말뚝을 박았다. 이를 기반으로 약 240㎞의 가상의 선을 군사분계선(MDL)으로 정한 다음에 남북으로 각각 2㎞ 범위를 설정했다. 비무장지대의 북쪽 경계선이 '북방한계선'(NLL·Northern Limit Line), 남쪽 경계선이 '남방한계선'(SLL·Southern Limit Line)로 불린다.

휴전 상태인 한반도 내에 GP, GOP, DMZ, MDL로 불리는 군사적 시설 및 지역이 존재한다. 1953년 한국전쟁이 끝난 이후 북한과 장기간 정치적 긴장과 군사적 갈등을 겪어왔기 때문에 우리 정부는 주권을 보호하고 국민의 안전을 보장하기 위해 군사분계선(MDL)을 기점으로 GP, GOP, DMZ 등 3개의 군사구역을 설정해 관리하고 있다. GP, GOP, DMZ는 무엇이고 역할과 차이점은 어떻게 될까.

우선 이들 군사지역이 설정된 배경을 살펴보면 제2차 세계대전 이후 한반도는 북한과 남한으로 분단됐고 1950년 한국전쟁이 발발했다. 3년

여간의 치열한 전쟁은 1953년 휴전협정을 통해 남북한 사이에 비무장지대(DMZ)가 설정되면서 끝났다. 72년이 지난 2025년 현재까지 그 지대가 유지되고 있는 상황이다. 수년에 걸쳐 우리 정부는 국가 안보를 지키기 위해 GP와 GOP라는 두 개의 군사구역을 추가로 설치했다.

GP(Guard Post)는 감시초소라는 의미다. GP는 1971년 한국 정부가 북한군의 침투를 막기 위해 설치한 보안구역이다. GP는 대한민국 최북단, 북한과의 접경 지역에 위치하고 있다. GP는 군사 제한 구역으로 정당한 허가 없이는 민간인의 출입이 허용되지 않는다.

비무장지대 내부에 존재하는 남과 북의 최전방 감시초소 개념이다. 일반적인 감시초소보다 훨씬 두꺼운 철근 콘크리트 방벽 건물로 요새와 같다. 정전협정에 따라 비무장지대는 무장병력이 주둔할 수 없지만 한국과 북한 모두 GP를 만들어 비무장지대에서 경찰 업무를 수행하는 '민사

행정경찰'이란 이름으로 무장 인원을 주둔시키고 있다.

GOP(General Out Post)는 일반 전방초소라는 의미다. GOP는 북한과의 국경을 따라 전략적으로 위치한다. 북한 요원의 침투를 감시하고 예방하기 위해 설치됐다. GOP는 일반 전방초소로 남방한계선을 담당하고, GP는 GOP가 위치한 남방한계선을 넘어 비무장지대 안에 존재한다. GOP 경계는 일반 보병대대가 맡지만, GP 경계는 여단 내 정예병력인 수색중대가 교대로 투입돼 감시 업무를 담당한다.

MDL(Military Demarcation Line)은 군사분계선이란 의미다. 통상적으로 알려진 '휴전선'이라고 생각하면 된다. 총 길이는 155마일(약 250㎞)로 이 선을 기준으로 남북한 모두 지뢰를 매설했다.

DMZ는 1953년 북한과 남한 간의 휴전협정에 의해 설정된 완충 지대인 '비무장지대'라는 뜻이다. 비무장지대는 길이 약 250㎞에 달한다. 폭은 4㎞로 북한과 남한의 국경선을 따라 이어져 있다. 비무장지대는 사람의 출입이 금지된 지역으로 북한군과 남한군 모두 이곳에 출입할 수 없다.

GP는 GOP 내에 전략적으로 위치해 북한 요원의 침투를 감시하고 예방하는 데 있어 가장 중요한 역할을 한다. GP에는 소수의 한국군이 배치돼 있고 잠재적 위협을 방어하기 위한 감시 장비와 무기를 갖추고 있다.

GOP는 북한 요원의 침투를 막아 대한민국의 국가 안보를 지키는 임무를 수행한다. GOP에는 다수의 한국군이 배치돼 있고 북한과의 접경 지역에서의 활동을 감시하기 위한 첨단 감시 장비를 갖추고 있다.

DMZ의 역할은 비무장지대 내에 북한과 남한 사이의 완충지대로 남한과 북한 사이의 군사적 충돌을 방지하기 위해 설계됐다. DMZ는 오랜 기간 사람의 접근이 차단돼 학술적 가치가 높은 다양한 생태계의 서식지로 최근 몇 년 동안 인기 있는 관광지로 꼽힌다.

따라서 GP, GOP, DMZ의 차이점을 생각해보면 GOP는 북한군의 침투를 막기 위해 설치된 대규모 보안 구역이며 GP는 북한군의 침투를 감시하고 방지하기 위해 GOP 내에 설치된 소규모 보안 구역이다. 그리고 DMZ는 남북한 간의 군사적 충돌을 방지하기 위해 설정된 비무장 완충지대로 이해하면 된다.

또 다른 주요 차이점은 GP와 GOP는 군사제한 구역으로 민간인이 출입할 수 없는 반면 DMZ는 엄격한 관리하에 관광객에게 개방되어 있다. GP와 GOP는 주로 군사적 목적으로 사용돼 한국 군인이 근무하지만 DMZ는 군사화되지 않았기 때문에 북한군과 남한군으로 구성된 중립군이 순찰하는 구역이다.

GP, GOP, DMZ는 대한민국의 국가 안보와 주권을 보장하는 데 중요한 역할을 하는 곳이다. 이러한 군사구역의 설정은 북한의 침략을 억제하고 잠재적 위협으로부터 대한민국 국민을 보호하는 데 도움이 된다. 동시에 비무장지대는 남북 분단의 중요한 상징으로 남북 간 평화와 화해를 촉진할 수 있는 잠재적 요소다.

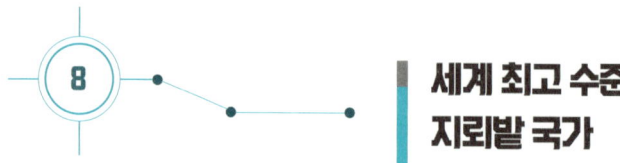

세계 최고 수준 지뢰밭 국가

한반도는 전 세계적으로 손꼽히는 지뢰 위험지역이다. 비무장지대(DMZ)에만 약 200만 발, 후방지역에 3,000여 발이 묻혀 있는 것으로 알려졌다. 휴전협정 이후 지뢰로 죽거나 다친 군인·민간인이 3,000~4,000명에 달해 국민의 생명을 위협하고 국토 이용을 제한하게 만들고 있다. 유네스코 생물권보전지역 등재, 평화둘레길 조성 등 DMZ의 평화적 이용을 위해 지뢰 제거는 시급한 사안으로 꼽힌다.

국제민간단체 '아포포'(APOPO)에 따르면 한반도 전체 지뢰 매설 추정 지역 면적은 약 1억 2,437만㎡로 이를 모두 제거하는 데 약 469년이 걸리고 비용은 약 1조 원에 달하는 것으로 예상된다. 우리 군도 지뢰 200만 발 정도가 DMZ 인근의 남북 지역에 묻혀 있는 것으로 추정할 뿐 묻힌 지도 등은 공개하지 않고 있다. 한국지뢰제거연구소는 각종 군 자료를 토대로 남측에는 127만 발, 북측에는 80만 발의 지뢰가 묻힌 것으로 추정하고 있다.

문제는 이곳에 묻혀 있는 지뢰가 아직도 살상력을 지닌 채로 살아 있다는 점이다. 실제 경기 북부지역에서는 대전차지뢰 폭발 사고가 끊이지 않고 있다. 대인지뢰 사고는 전국에서 발생되고 있는 상황이다.

군이 파악한 확인 지뢰지대는 3,157만 6,100㎡다. 한국지뢰제거연구소는 미확인 지뢰지대도 5억 7,740만 5,100㎡에 달한다고 추정했다. 전체 지뢰지대 중 군이 파악한 곳을 제외하면 미확인지대가 94.8%에 이르는 것이다. 특히 DMZ 내부의 경우 확인지대가 2.7%뿐으로 모든 지역이 미확인지대에 해당된다. 민통선 이북 지역은 15.4%가 확인지대지만 역시 지뢰 매설 여부를 알 수 없는 곳이 84.6%에 달하는 상황이다.

휴전 중인 한반도보다 더 많은 지뢰가 묻힌 나라가 최근 생겼다. 3년 넘게 러시아와 전쟁을 이어가고 있는 우크라이나가 그 주인공이다. 미국 NBC 등 해외 외신들도 우크라이나는 지구상에서 지뢰가 가장 많은 국가 중 하나가 돼가고 있다고 보도했다. 국제인권단체 휴먼라이츠워치(HRW)가 발표한 자료에 따르면 현재 우크라이나의 27개 지역 중 11곳에 지뢰가 매장돼 있는 것으로 추정된다. 면적으로는 우크라이나 국토의 약 30%에 해당하는 17만㎢가량이 지뢰 위험지역이다. 남한 면적의 약 1.7배에 달한다.

매장된 지뢰의 종류도 탱크나 큰 버스를 날려버릴 수 있는 강력한 대전차지뢰부터 지나가는 사람을 죽이거나 불구로 만들 수 있는 대인지뢰, 러시아군이 개조한 부비트랩이나 불발탄 등으로 다양하다. 묻혀 있는 지뢰 수량은 정확하게 파악되지 않고 있다.

국세 원조단체들에 따르면 2022년 2월 전쟁이 시작된 이래 지금까지 우크라이나에서 민간인 2,000여 명이 지뢰로 목숨을 잃은 것으로 추정된다. 사상자 대부분은 우크라이나가 러시아로부터 탈환한 지역의 주민들로, 자신들의 농장에서 다시 농사를 지으려고 나갔다가 불행한 죽음을 맞은 것으로 전해졌다.

　러시아는 그간 우크라이나에서 작은 캔 음료 정도의 크기인 POM-3로 불리는 치명적인 신종 대인지뢰를 사용해온 것으로 알려졌다. 문제는 러시아가 직접 개조해 사용하는 POM-3는 전쟁이 끝난 뒤에 수색 및 해체 작업이 매우 어렵게 만들어졌다는 점이다. 러시아가 점령했던 일부 지역에도 우크라이나가 러시아군을 겨냥해 설치한 지뢰가 있는 것으로 전해졌다.

　3년 넘게 곳곳에 매장된 지뢰를 제거하기 위해 우크라이나 내에서 지뢰 제거 비정부기구(NGO) '헤일로 트러스트' 등이 나서 지뢰 해체 작업을 벌이고 있다. 제임스 코완 헤일로 트러스트 최고경영자(CEO)는 외신들과의 인터뷰에서 직원 1,200여 명이 우크라이나의 탈환 지역에서 지뢰를 제거하고 있다고 밝혔다. 코완 CEO에 따르면 전쟁 발발 이후 헤일로 트러스트가 지금까지 우크라이나에서 제거한 지뢰는 대전차 지뢰 8,500여 개를 포함해 2만여 개에 달한다. 이러한 지뢰 제거는 대부분 유엔개발계획(UNDP) 등을 통한 서방 국가의 지원을 받아 이뤄지고 있다. 미 의회에서도 우크라이나 지뢰 제거에 필요한 지원금 약 1억 달러(한화 약 1,471억 원)를 포함한 953억 달러(약 140조 2,600억 원) 규모의 우크라이나 원조 예산을 지원할 것에 대해 검토하고 있다.

　최근 러시아와 우크라이나 군인들이 통나무와 타이어로 대인 지뢰를 제거하는 영상이 공개되며 화제를 모았다. 21세기 최첨단 기술을 가진 시대에 살지만 전쟁터에서 지뢰 제거는 여전히 원시적인 방법에 의존하고 있는 모습이 고스란히 담겼다.

　텔레그램과 엑스(트위터)를 통해 공유된 영상을 보면 한 군인이 기다란 통나무를 굴려서 지뢰를 때리는 장면이 나온다. 또 다른 영상에서는 러시아 군인이 긴 막대기로 지뢰를 폭파하려는 듯 지뢰를 반복적으로 내리치지만 아무런 반응이 일어나지 않아 일부 군인들이 지뢰 근처에 통나무를 굴리기도 했다. 영상이 끝날 무렵 지뢰는 폭발한다.

지뢰 제거 장비나 특수 보호 장비 없이 위험을 무릅쓰며 지뢰를 제거하는 건 우크라이나 군인들도 마찬가지다. 한 텔레그램 채널에 올라온 영상에는 한 군인이 불과 몇 미터 떨어진 곳을 향해 타이어를 던져 지뢰를 제거하는 모습이 나온다. 던진 타이어가 도로에 닿자마자 폭발이 일어났고 폭발 후 군인은 파편이 튀었는지 확인하는 듯 옆구리와 등을 문질렀다.

우크라이나 전쟁에서 지뢰는 특히 러시아군에 의해 두드러지게 사용되는 것으로 전해졌다. 이 때문에 우크라이나 정부는 러시아를 겨냥해 셀 수 없이 많은 폭발물과 지뢰를 우크라이나 전역에 설치해 우크라이나가 세계에서 가장 많이 묻힌 국가가 됐고 수백 명의 군인과 민간인 사상자가 발생하고 있다고 비판하고 있다. 우크라이나 정부는 국토의 약 3분의 1에 해당하는 17만 4,000㎢ 규모에 잠재적으로 지뢰나 전쟁 잔해 폭발물이 있는 것으로 추정하고 있다.

이 때문에 세계은행은 전쟁이 끝난 이후 우크라이나의 지뢰 제거에 370억 달러(약 54조 4,500억 원) 이상이 필요할 것으로 전망했다. 또 실제 지뢰 실치 지역이 너무 넓어서 완전히 제거되지 않을 수도 있다는 의견도 제기했다.

9. 명령 불복종과 즉결처형

 우크라이나와 러시아의 전쟁 중에 러시아군 소속 러시아 용병기업 와그너그룹 용병들 일부가 즉결처형되고 있다는 소식이 외신들을 통해 전해져 전 세계의 이목을 집중시켰다. 즉결처형 이유는 전쟁 중에 러시아군 지휘관의 명령을 용병들이 따르지 않았기 때문이다. 명령 불복종을 적용해 즉결처형인 총살을 자행했다.

 비슷한 상황은 한반도에서 벌어진 6·25 전쟁에서도 있었다. 풍기영주 전투가 이뤄진 1950년 7월 17일에 국군 8사단 21연대 1대대장 윤태현 소령이 명령 불복종으로 즉결처분(처형)을 받았다. 남하하는 북한군 8사단과 12사단을 막기 위해 당시 국군 8사단은 경북 풍기~영주~안동 일대에 방어선을 구축하고 전투를 벌였는데 북한군이 야습을 하자 윤 소령이 무단으로 조급한 철수 명령을 내렸다는 이유로 당시 21연대장인 김용배 중령이 군사재판 없이 현장에서 총살을 명령했다.

 평시에 군인은 군법을 어기는 형사 사건에 대해 군사재판을 받아 재판 결과에 따라 처벌을 받는다. 그렇다면 전시에는 명령 불복종을 즉결처형할 수 있는 것일까.

2023년 국회 행정안전위원회 국정감사에서 명령 불복종과 관련한 논란이 일었다. 당시 김광동 진실·화해를위한과거사정리위원회 위원장이 "즉결처분은 군법회의를 포함하는 것"이라며 "전시에는 재판 없이 죽일 수 있다"고 발언했다. 즉결처분은 사법 절차를 거치지 않고 신속하게 제재를 가하는 것을 의미한다. 한 발 더 앞선 단계로 죽이거나 죽이는 것과 다름없는 경우를 '즉결처형'이라고 지칭하는데 김 위원장의 발언은 전시 때 즉결처분은 즉결처형에 해당돼 군법을 위반하면 재판 없이도 총살이 가능하다고 주장해 야당의 질타를 받았다.

사실 대부분의 드라마와 영화를 보면 전시에 상관의 명령 불복종시 즉결처형이 가능한 것으로 묘사되는 경우가 많다. 정말 그럴까.

결론부터 얘기하면, 징병제 국가인 대한민국에서 전시에 즉결처분이 가능하다는 주장은 전혀 사실이 아니다. 한국에서는 전시든 평시든 군법상 즉결처분은 살인에 해당돼 살인죄로 처벌받을 수 있는 중범죄다. 따라서 이러한 행위를 하려는 상관을 살해하면 상관 살해로 처벌받지 않고 정당방위로 인정받을 수 있다.

이 같은 오해의 시발점은 6·25전쟁으로 거슬러 올라간다. 우리 군의 즉결처분은 6·25전쟁 중에 육군본부 훈령으로 처음 만들어졌다. 전쟁 초기 절망적인 상황 속에서 장병들의 항명과 사기 저하로 무질서한 도주와 프래깅(아군에 의한 고의적 살인) 등을 막기 위해 시행된 조치다. 당시 육군본부 총참모장 소장 정일권은 육본 훈령 제12호를 통해 "명령 없이 전장 이탈할 시에 즉결처분권을 분대장급 이상에게 1950년 7월26일 0시부터 부여한다"고 하달했다.

훈령은 상급부대의 단순한 지휘명령이다. 이 훈령은 1948년 7월 5일

공포된 국방경비법과 1948년 11월 30일 공포된 국군조직법 등 헌법과 법률 어디에도 근거가 없는 조치다. 전시에 즉결처분은 총살을 의미한다. 이런 탓에 당시 즉결처분권은 군법보다 더 큰 위력을 발휘한다.

그러나 장교들의 즉결처분 속출로 부작용이 커지면서 육군본부에서는 다시 육훈 제179호를 내려보내 무분별한 즉결처분을 하지 않도록 지시했다. 하지만 훈령은 제대로 지켜지지 않았고 결국 육훈 제191호를 하달해 즉결처분권은 1951년 7월 10일부로 폐지됐다.

안타깝게도 20일도 채 안 된 같은 달 7월 24일 육군본부는 휴전선 인근 방어선의 군기확립을 목적으로 즉결처분권을 재차 부활시켰다. 다만 중대장급 이상 지휘관의 허가 없이는 처형이 불가능하도록 했다. 이후 즉결처분권은 휴전이 된 직후에 사라졌다.

현재 군형법에서 규정하는 군인 및 군무원이 범죄(형사 사건)를 저지르면 전시든 평시든 군대 내에 설치된 군사법원에서 범죄에 대한 유죄 및 무죄의 여부와 형량을 선고하는 군사재판을 무조건 받아야 한다. 재판도 법원의 판단을 3번 받을 수 있게 일반군사법원, 서울고등법원, 대법원을 거쳐 최종 판결하는 3심제가 적용된다.

예외적으로 비상계엄령에 따른 군사재판은 군인·군무원의 범죄 등에 한해 단심으로 할 수 있다. 물론 사형을 선고한 경우에는 그렇지 않도록 했다. 군형법에서 군인이란 현역에 복무하는 장교, 준사관, 부사관 및 병(兵)을 의미한다고 규정하고 있다.

다만 군 관련 사건을 투명하게 수사하고 처벌을 내릴 수 있도록 피소된 군인이 입대하기 전에 발생한 사건, 군인이 저지른 성범죄, 군인 사망 등이 원인인 사건은 무조건 민간 경찰 및 민간 법원에서 관할하게 만들었다.

　군사법원은 국방부장관 소속으로 하며 중앙지역군사법원(국방부 등 서울권 부대·해외파병부대 관할)·제1지역군사법원(충청권·호남권·제주도 관할)·제2지역군사법원(경기도 남부·서부 전방·동부 전방 관할)·제3지역군사법원(강원도 전방·남부·영동지역 관할) 및 제4지역군사법원(대구경북·부산·울산·경남 관할)으로 구분해 설치돼 있다.

　군사재판에는 일반재판과 다른 두 가지 특징이 있다. 우선 형량감형권이라는 제도로, 군단장급 이상 장교가 1심 재판의 판결결과에 대해 소속 부대원들의 형량을 자의적으로 감형해줄 수 있는 권한이 있다. 지속적인 폐지 요구가 있지만 군은 특수성을 내세워 계속적으로 이를 묵살하고 있다.

　다음으로 군사법원의 '군판사'와 '군검사'는 현역 군인 신분인 군법무관으로 판사였다가 검사가 되기도 한다. 이는 군판사는 사법부 소속이 아닌 참모총장이 임명하는 국방부 소속이고, 군검사 역시 검찰청이나 공수처 소속이 아닌 참모총장이 임명하는 국방부 소속이기 때문이다. 이런 이유로 이들은 군 생활의 일환이고 임명권자인 참모총장의 눈치를 볼 수밖에 없는 위치라, 독립적 신분이 보장되는 일반적인 판사와 검사와는 성격이 달라 매번 공정성에 대한 논란이 일고 있다.

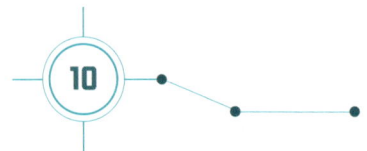

10 육·해·공군, 실사격 사격훈련장

우리 군이 지난 2024년 7월 2일 휴전선(군사분계선·MDL) 이남 5㎞ 이내 지역에서의 포병 사격을 실시하자 당시 언론의 이목이 집중됐다. 군의 화력 훈련은 당연한데도 언론의 관심을 보인 이유는 2018년 9·19 남북군사합의 체결로 군사분계선 이남 5㎞ 안에 위치한 훈련장은 지상 적대행위 금지 구역으로 묶여 포 사격이 불가능했기 때문이다. 그러나 약 6년 만에 육상 최전방 지역에서 K-9 자주포와 차륜형 자주포 K105A1 등의 실사격 훈련이 재개된 것이다.

당시 포사격은 5㎞ 이내 사격장 세 곳 중 주한미군이 사용하는 경기 파주 스토리사격장을 제외하고 최전방에 위치한 대표격인 경기 연천 '적거리사격장'과 강원 화천 '칠성사격장'에서 동시에 시작됐다. 적거리사격장에선 오전 8시부터 약 1시간 20분에 걸쳐 우리 군의 대표적인 포병 전력인 K-9 자주포에서 90여 발이 발사됐다. 칠성사격장에서도 차륜형 자주포 K105A1에서 40여 발이 오전 8시부터 약 45분에 걸쳐 발사됐다.

당시 훈련은 후방에 설치된 가상의 표적을 향해 사격하는 식으로 진행됐다. 가상 표적 주변에선 무인기가 비행하며 표적 명중 여부를 확인하고, 원점이 다 파괴되지 않았을 경우 재사격을 실시해 초토화하는 방식으로 실시했다. 사실 이들 지역은 북한과의 국지전이나 전면전 발발 시 실제 포 사격이 벌어질 지역으로, 실전 임무 수행 능력이 약화됐다는 우려를 말끔히 씻어낸 포병 사격 재개라는 점에서 대북 군사대응 능력이 한층 강화되는 계기를 만들었다는 평가가 나왔다.

앞서 2024년 6월 26일에는 해병대사령부 예하부대인 해병대 제6여단과 연평부대도 백령도, 연평도 등 서북도서 사격 훈련을 실시했다. 기존에 서해 북방한계선(NLL) 일대가 완충구역(적대행위 금지구역)으로 설정돼 포 사격 훈련이 금지됐지만, 해병대가 K-9 자주포 등을 동원해 2017년 8월 이후 약 7년 만에 해상 사격 훈련을 한 것이다.

잘 알려지지 않았지만 우리 군은 군사분계선(MDL) 이남 5㎞ 안 지역에도 포 사격이 가능한 훈련 장소도 있다. 이들 지역은 대외비 성격으로 대외적으로 공개되지는 않지만, MDL 이남 5㎞ 밖 지역에는 육군이 활용하는 육상지역 포 사격 훈련장을 비롯해 공군이 사용하는 육상지역 공대지미사일(전투기 전용)·지대공미사일(미사일) 훈련장, 육·해·군이 각각 쓰는 해상지역 훈련 장소가 있다. 해병대까지 포함하면 전국적으로 100여 곳이 넘는 사격 훈련장이 있는 것으로 알려졌다.

그렇다면 육·해·공, 해병대가 화력 운용 능력을 숙달하고 유사시 국지전이나 전면전 발발 시 실제로 포탄과 미사일을 발사할 역량을 키우는 사격 훈련장은 전국 어디에, 몇 곳이나 있을까.

군사분계선 이남 5㎞ 밖으로 육군이 운용하는 사격 훈련 장소는 60여 곳이다. 이 가운데 47곳이 전방지역에 위치한다. 육군 1군단, 2군단, 3군단, 5군단, 7기동군단이 활용하는 곳으로 K2 전차와 K-9 자주포, 전차

킬러인 대형공격헬기 아파치 가디언 AH-64E, 보병중대의 주력화기인 KM181 60㎜, KM187 81㎜ 박격포 등의 실사격 훈련이 진행된다. 나머지 15여 곳은 후방지역으로 경상도, 전라도, 충청도, 인천(해상 사격)에 위치하고 있다.

육군의 주요 사격 훈련 장소 중 언론에 자주 공개되는 대표적인 사격 훈련장으로는 승진과학화훈련장(포천), 양평종합훈련장(용문산사격장·양평), 다락대훈련장(포천), 노야산훈련장(양주), 무건리훈련장(파주), 지포리전차포사격장(철원), 매봉산종합훈련장(홍천), 학야리 사격장(고성), 황룡사격장(담양) 등이 있다.

북한이 민감하게 반응하는 대표적인 해상 사격 훈련 장소로 해병대사령부 예하 해병대 6여단과 연평부대가 해상사격을 실시할 수 있는 서북

도서 인근 해병대 훈련구역 R-131, R-132, R-134 지역이다. 주변에는 해군 함정에 탑재된 각종 함대함미사일 등을 실사격할 수 있는 해군 훈련구역인 R-153 지역도 있다.

이들 지역은 서해 북방한계선(NLL) 일대로, NLL을 인정하지 않는 북한이 민감하게 반응해왔다. 지난 2010년 11월 23일엔 북한이 해병대 연평부대의 K-9 사격 훈련을 빌미로 연평도에 포격을 가해 4명이 숨진 '연평도 포격 도발'까지 벌였다.

군 특성상 해군은 핵심 전력이 함정이라 모든 훈련은 해상에서 이뤄진다. 이 때문에 동해와 서해, 남해 곳곳에 해상사격 훈련 구역이 있다. 가장 넓은 훈련 장소인 동해에는 R-121, R-156, R-115, R-120, R-199 지역 등이, 서해에는 R-123, R-124 지역 등이, 남해에는 R-99, R-72, R-118, R-126, R-128 지역 등 총 열아홉 곳이 있다.

해양수산부 산하 국립해양조사원이 공개하는 군작전 지원 및 항해안전에 필요한 '한국연안 해상사격 훈련구역도'에 훈련 장소가 자세하게 표시돼 있다.

전투기와 공격기를 운용하는 공군은 공대지미사일을 실사격할 수 있는 사격 장소가 필요하다. 전국에 대표적으로 일곱 곳을 운용하고 있다. 우선 경기도 여주군 여주사격장, 경북 상주시 낙동사격장, 충남 보령시 웅천사격장, 전북 고창군 미여도사격장 등 네 곳은 연습탄 사격을 한다. 전북 군산시 직도사격장, 강원 영월군 필승사격장 등 두 곳은 실무장 사격이 이뤄진다. 나머지 충북 충주시 충주사격장 한 곳은 가상 연습사격이 진행된다.

이 가운데 국내 유일의 공군 전술 폭격 훈련장인 영월군 상동읍에 위치한 필승사격장은 북한의 관영매체인 〈조선중앙통신〉이 언급하며 관심을 가졌던 사격 훈련장이다. 1981년에 조성된 필승사격장은 태백시 혈동과 상동읍 천평리, 경북 봉화군 춘양면 우구치리 등에 걸쳐 있는 5950ha(1,800만 평)의 대규모 군사시설로, 북한 지형과 가장 비슷한 곳으로 알려졌다. 주한미군의 매향리 쿠니사격장 대체시설로, 한미 공군의 주요 폭격 및 사격 훈련지로 활용되고 있는 것으로 전해졌다.

공군에는 육군 미사일전략사령부와 유사한 공군 미사일방어사령부(ROK Air Force Air & Missile Defense Command)가 있다. 육군은 주로 대북 도발에 즉각 응징하는 임무를 수행한다면, 공군은 대북 도발에 방어작전을 주로 맡는다. 즉 (북한으로부터) 전략적·작전적 공중위협을 감시하고 복합·광역 다층 미사일방어 및 지역방공 임무를 수행하는 공군의 기능사령부가 공군 미사일방어사령부다. 전국 각지에 영공 방위를 위해 방공포대가 배치돼 있다. 이 미사일방어사령부는 주로 지대공미사일을 운용하고, 이 같은 지대공미사일을 활용하기 위한 훈련장으로 충남 보령시에 위치한 '대천사격장'을 갖고 있다.

공군은 또 전투기와 공격기에서 쓰는 공대함미사일 역량을 강화하기 위한 해상 훈련도 실시한다. 이를 위해 동해에 있는 R-107, R-74, 서해에 있는 R-88, R-80, R-84 등 총 다섯 곳의 해상사격 훈련구역도 운용 중이다.

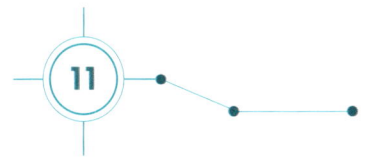

11. 준비된 예비군, 상비전력과 함께 정예화

전쟁이 일어날 경우를 대비해 미국은 상비군 및 예비군 부대에 상근(full time)하면서 부대 조직·행정·신병모집·교관 등의 업무를 수행하는 상근예비군(AGR·Active Guard Reserve)을 운영하고 있다. 독일도 부대 전투태세 유지와 전시 신속한 병력동원을 위해 전력강화예비군 8,000명을 운영 중이다. 이 같은 제도를 운영하는 배경은 예비전력이 상비전력과 함께 국가안보를 지탱하는 양대 축이기 때문이다. 자전거가 하나의 바퀴만으로 갈 수 없듯이 두 부분 모두 균형적 발전을 이뤄야만 튼튼한 안보의 미래로 나아갈 수 있다.

러시아-우크라이나 전쟁에서 예비전력의 중요성이 대두되면서 우리 군은 '국방혁신 4.0' 핵심 과제로 예비전력 정예화를 추진하고 있다. 예비군 정예화를 추진하는 주축은 육군 동원전력사령부다. 지난 2018년 4월 6일 제50주년 예비군의 날에 창설돼 임무 수행을 하고 있다.

동원전력사령부는 평시 예비군이 완벽한 전투준비태세를 갖추도록 해 유사시 즉각 전선에 투입할 수 있는 부대로 만드는 게 핵심 임무다. 개전 초기 수도권 방어 전력을 보강하고 병력 손실을 효과적으로 보충하는 임무도 맡는다. 군단 예하에 있던 동원사단과 동원지원단 등은 동원전력사령부 예하 부대로 변경해 군단이 상대적으로 소홀히 했던 동원전력 강화 업무를 동원전력사령부가 집중적으로 관리하게 됐다.

예비전력은 저출산 심화에 따른 병역자원 부족으로 상비병력이 감축되는 상황에 직면하고 있다는 점에서 우리 군에 있어 매우 중요하다. 무엇보다 북한의 위협과 급변하는 한반도 정세 속에서도 흔들림 없이 대비태세를 유지하기 위한 대안 중 하나로 꼽히기에 군 당국은 예비전력 강화에 주목하고 있다.

예비전력을 유지하기 위한 방안으로 상비예비군 제도가 있다. 예비군으로 다수 충원하는 동원사단·동원보충대대·동원자원호송단 등에서 주요 직책을 수행할 예비역을 평시 소집·훈련해 이들을 전시에 동일한 직책으로 동원하는 제도다. 일명 '투잡 예비군'으로 불린다.

군 당국은 상근예비군 제도를 통해 전투준비 소요시간 단축, 장비·물자관리 수준 향상, 예비군훈련 질 제고를 달성할 수 있을 것으로 기대하고 있다. 장교·부사관 등 간부뿐만 아니라 병사도 지원이 가능하다. 원래 '비상근예비군'으로 불렸는데, 2025년부터 '상비예비군'으로 명칭이 변경됐다. 현재는 전군에서 3,700여 명을 대상으로 모집하고 있다.

기존 상근예비군 제도는 크게 두 가지 형태가 나뉜다. 1년에 30일 이내 훈련하는 단기 상비예비군과 2022년부터 개편돼 1년에 최대 180일까지 훈련하는 장기 상비예비군이 있다. 2023년부터는 장기 상비예비군도 유형Ⅰ, 유형Ⅱ 등 두 가지로 구분해 운용 중이다. 유형Ⅰ은 소령, 위관급, 하사~상사 대상으로 40~100일 근무를, 유형Ⅱ는 소~중령, 상사~원사 대상으로 120~180일 근무를 하도록 출근 일수를 선택 가능하게 변경했다.

 장기 상비예비군 운용 부대도 2022년까지 60사단에서만 시범적으로 운용하다 2024년 기준으로 동원전력사령부 소속 60사단, 72사단, 73사단과 육군군수사령부 2육로운영단, 1군수지원사령부 등으로 확대됐다. 복무 일수를 연 40·100·120·180일 중에서 선택할 수 있는 장기 상비예비군 운용 부대도 동원전력사령부 예하 전 부대로 확대한다.

 이처럼 상비예비군은 동원전력사령부 예하 부대들이 60% 이상을 운용 중이다. 2024년 4월에는 전군 최초로 '상비예비군과'를 새로 편성하며 이 제도 운용 강화에 나서고 있다. 2025년부터는 장기 상비예비군으로만 편성된 부대를 시험운용할 예정이다. 이는 상비예비군 중심의 군 구조 설계논리를 확보하기 위한 단초가 될 것으로 군 당국은 내다보고 있다.

 당장 2025년을 시작으로 동원보충대대 핵심 직위에 상비예비군을 집중 편성한 부대 수도 더 늘린다. 평시부터 지휘체계와 전투준비태세를 확립해 유사시 조기에 전투력을 발휘하는 '상비예비군 집중편성부대' 수를 기존 24개 부대에서 30개 부대로 6개 확대한다.

 2023~2024년 운용한 상비예비군 집중편성부대 분석 결과 상비예비군 지휘관·참모가 주도적으로 전시 부대 임무를 계획·관리·평가해 체계적으로 훈련하는 등 상비전력에 버금가는 전투력을 발휘하고 있다는 결과가 확인됐기 때문이다.

 아울러 전투력 지수가 높은 포병·전차부대를 대상으로 '장기 상비예비군 집중편성부대'도 시험운용한다. 이들 부대 상비예비군은 주요 직책에 선발돼 부대 훈련을 직접 계획·시행하고 평가까지 담당한다. 또 전투

준비태세 및 장비·물자 관리, 교육훈련, 작전계획 발전 분야에도 투입된다.

상비예비군들이 역량을 발휘할 수 있는 기회도 넓힌다. 전쟁에서 드론의 중요성이 높아짐에 따라 올해 선발한 상비예비군에게 드론 교육과 자격 취득 기회를 제공한다. 동원전력사령부는 상비예비군 전원이 무게 250g 이상, 2kg 이하 드론 조종이 가능한 4종 자격을 취득할 수 있도록 이론 교육과 평가 기회를 신설하는 게 목표다. 시범부대 상비예비군의 경우에는 무게 2kg 초과, 7kg 이하 드론 조종이 가능한 3종 자격을 취득할 수 있는 기회를 제공한다.

국방부는 전시 임무 수행 능력을 실질적으로 검증할 수 있도록 예비군 훈련체계도 2025년부터 개편한다. 그동안 훈련비가 없었던 '동미참훈련' 대상자에게 훈련비를 지급하는 등 예비군 사기 진작에도 나선다.

올해부터는 유형별 예비군훈련 명칭이 달라진다. 예비군 1~4년차 중 병력동원소집 대상자가 2박 3일 동안 숙영하는 동원훈련은 '동원훈련Ⅰ형'으로, 예비군 1~4년차 중 병력동원소집 미대상자와 동원훈련 미참석자가 4일간 출퇴근하는 동미참훈련은 '동원훈련Ⅱ형'으로 바뀐다.

동원훈련Ⅱ형 대상자에게 훈련비 4만 원(일당 1만 원)을 최초로 지급한다. 기존에는 동원훈련Ⅰ형에만 훈련비(8만 2,000원)를 지급했다. 지역예비군훈련 대상자에게는 작계훈련 교통비 6,000원(연 2회/1회당 3,000원)을 지급한다.

동원훈련Ⅰ형은 예년과 같이 △전시 소집 및 부대 증·창설 절차 숙달 △팀 단위 직책 수행 능력 배양 △전술 및 작전계획 시행 능력 구비를 중점으로 소집부대 또는 동원훈련장 등에서 2박 3일간 훈련한다. 동원훈련Ⅱ형은 지역예비군훈련장 또는 과학화 지역예비군훈련장에서 펼쳐지는데, 주특기 훈련을 강화하기 위해 다양한 훈련 방법을 시범운영한다. 훈련은 △개인 기본전투기술 △병과 및 주특기 능력 향상 △임무 수행에 필요한 능력 구비에 중점을 둔다.

예비군 5~6년차를 대상으로 하는 지역예비군훈련은 지역예비군훈련장 또는 과학화 지역예비군훈련장에서 한다. 작전계획훈련은 작전지역 또는 유사지역에서 열린다.

과학화 지역예비군훈련장 구축 및 동원훈련장 현대화 사업도 추진한다. 국방부는 가상현실(VR) 영상모의사격 시설 등을 갖춘 과학화 지역예비군훈련장을 2024년까지 구축된 26개소에서 2025년에 3개소, 이후 11개소를 추가로 구축한다. 또 지난해까지 46개 훈련장에 침상형 생활관을 침대형으로 바꾼 데 이어 올해에는 6개 훈련장을 보수·신축하고, 이후 11개 훈련장을 추가로 개선할 계획이다.

맺음말

 전 세계에서 가장 전쟁 발발 확률이 높은 곳이 한반도다. 6·25전쟁이 1953년 휴전하고 남한과 북한으로 갈라져 정전 상태가 72년째 이어지고 있기 때문에 언제라도 전쟁이 다시 일어날 수 있는 게 현실이다.
 북한이 전술핵·전략핵을 탑재한 대륙간탄도미사일(ICBM)을 비롯해 신형 전차, 군 정찰위성, 최신형 이지스 구축함, 극초음속 미사일 및 각종 신종 유도무기체계 개발을 가속화하며 실전 배치하고 있어 전쟁 위협도 확대되고 있는 실정이다.
 최근에는 한반도를 중심으로 '북한·러시아·중국'과 '한국·미국·일본'이 대결하는 '신(新)냉전' 구도가 재현되는 분위기다. 문제는 북방 3국의 연대는 냉전 시기 못지않지만, 남방 3국의 결속은 불안하기 짝이 없다. 한미동맹은 트럼프 2기 행정부가 들어서 미 경제안보를 내세우면서 한미 관계에 불안감이 커지고, 한일 안보 협력은 당위성 강조에 머물러 한 발짝도 못 나가고 있다. 특히 냉전 시기와 다르게 북한은 사실상 핵보유국이라는 존재감을 부각시키며 미 본토에 대한 직접 공격 위협으로 미국의 핵우산 제공, 즉 북핵에 대한 확장 억제 약속을 미국이 반드시 지키지 않을 수 있다는 의구심마저 제기되고 있어 매우 우려스러운 지경이다.

상황이 이런데 대한민국 내부의 안보 태세와 인식은 심히 걱정스럽다. 최근 북한이 동일 민족임을 부정하면서 핵공격 가능성으로 위협해도, 북·러 동맹이 복원돼도 국민 대부분은 이를 심각한 문제로 받아들이지 않는 모습이다. 말 그대로 '전쟁 불감증'으로 경계가 느슨해진 것 같다.

당장 안보 관련 TV 프로그램의 시청률은 지속적으로 낮아지고 있다. 정치인들은 각각의 진영논리로 당리당략에만 이전투구(泥田鬪狗)할 뿐 안보는 뒷전이다. 이 때문에 주요 20개국(G20) 수준인 경제력 등 높아진 국력과 달리 '대한민국호'란 커다란 배가 표류하면서 안보 태세는 임진왜란, 정묘·병자호란, 구한말, 6·25전쟁 직전과 다르지 않다는 평가가 나온다.

안보 불안감이 자칫 안일한 판단으로 이어져 국가 존립을 위태롭게 할 수 있다. 북한의 오판으로 전쟁 도발 가능성이 커지는 상황을 우리 스스로 경계하지 않으면 6·25전쟁보다 더 참혹한 민족의 비극에 직면할 수 있다. 북핵과 '신냉전'에 철저하게 대비하는 유비무환의 자세로 안전한 대한민국을 만들어나가야 할 것이다.

이를 위해 반드시 필요한 것이 굳건한 자주국방이다. 그 근간은 50만 국군에 대한 전폭적인 국민의 신뢰다. 그러나 12·3 비상계엄 사태로 군 위상은 추락하고 국민의 신뢰가 한순간에 무너진 것은 매우 가슴 아픈 일이다.

물론 군도 이 같은 상황을 인식하고 오직 국가와 국민을 위해 목숨을 초개와 같이 바치고 희생과 헌신, 그리고 땀과 열정을 통해 대한민국 국군이라는 깃발 아래 단결하고 화합해 국민에게 신뢰받는 국민의 군대로 거듭나기 위해 부단히 노력하고 있다. 현재로선 군을 믿고 지켜보면서 응원과 박수를 보내야 할 시기다.

6·25전쟁 때는 각 진영 이념 다툼이 치열해지는 국내 정치에 함몰돼 전쟁 대비에 소홀했다. 그 결과 엄청난 살육과 참화를 경험했다. 군에 대한 국민의 신뢰는 국가 안보의 핵심이다. 국군이 신뢰받는 국민의 군대로 새롭게 나아갈 수 있게 군 스스로도 확고한 정치적 중립 자세를 견지하는 것은 물론, 국민들도 전쟁 불감증을 경계하고 앞으로도 군을 믿고 무한한 신뢰를 보여줘야 할 때다. 이 책을 통해 조금이나마 이런 분위기 조성에 일조하기 바란다.

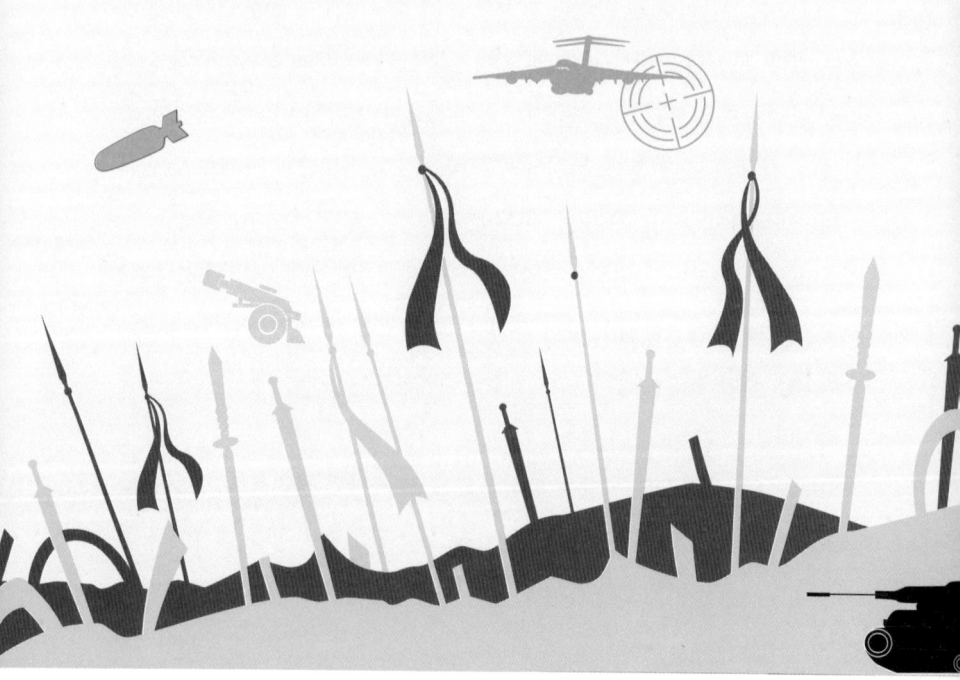